普通高等教育通识类课程新形态教材

Python 办公自动化——玩转 Excel

郝春吉　刘智杨　周永福　黄　诠　编著

中国水利水电出版社
www.waterpub.com.cn
·北京·

内 容 提 要

本书以任务为导向，结合大量数据分析案例及教学经验，深入浅出地介绍 Python 语言在处理 Excel 格式数据时的重要方法，详尽地介绍了 Python 第三方库（xlrd 库、xlwt 库、xlwings 库、pandas 库、matplotlib 库、numpy 库和 pyplot 库）的基本操作方法。本书设置了多个案例，每个案例都配有程序运行源代码，读者可通过二维码链接到网站下载源代码，查看运行结果，同时网站还提供作者精心制作的视频讲解，读者可轻松愉快地学习用 Python 处理各领域的数据，真正地学以致用。

本书可作为高校计算机公共基础程序设计课程和数据分析课程的教材，也可供需要处理大量 Excel 数据、工作重复度较高的相关人员使用。

本书配有教学素材，读者可以从中国水利水电出版社网站（www.waterpub.com.cn）或万水书苑网站（www.wsbookshow.com）免费下载。

图书在版编目（CIP）数据

Python办公自动化 ： 玩转Excel / 郝春吉等编著
. -- 北京 ： 中国水利水电出版社，2022.1
普通高等教育通识类课程新形态教材
ISBN 978-7-5226-0271-4

Ⅰ. ①P… Ⅱ. ①郝… Ⅲ. ①软件工具－程序设计－高等学校－教材②表处理软件－高等学校－教材 Ⅳ. ①TP311.561②TP391.13

中国版本图书馆CIP数据核字(2021)第245999号

策划编辑：石永峰　　责任编辑：周春元　　封面设计：梁　燕

书　名	普通高等教育通识类课程新形态教材 Python 办公自动化——玩转 Excel Python BANGONG ZIDONGHUA——WANZHUAN Excel
作　者	郝春吉　刘智杨　周永福　黄　诠　编著
出版发行	中国水利水电出版社 （北京市海淀区玉渊潭南路 1 号 D 座　100038） 网址：www.waterpub.com.cn E-mail：mchannel@263.net（万水） sales@waterpub.com.cn 电话：（010）68367658（营销中心）、82562819（万水）
经　售	全国各地新华书店和相关出版物销售网点
排　版	北京万水电子信息有限公司
印　刷	三河市德贤弘印务有限公司
规　格	184mm×260mm　16 开本　12.75 印张　318 千字
版　次	2022 年 1 月第 1 版　2022 年 1 月第 1 次印刷
印　数	0001—3000 册
定　价	39.00 元

前　　言

大学计算机公共基础课已经开设了二十余年，不可否认，其为计算机知识的普及做出了不可磨灭的贡献。随着时间的推移，原有的大学计算机公共基础课的内容已经不能适应当前社会发展的需要，亟需更新内容，基于此，编写了本书，用以开展并推广新一轮的大学计算机基础课教学改革。

大数据时代已经到来，数据处理是最直接的体现。在数据量巨大的情况下，原有的手工操作已经不能满足人们日常生活和工作所需，办公自动化迎来了新一轮的革新。本书以 Python 语言代替之前 Excel 中的手工操作，实现一种全新的“办公自动化”方式。使用 Python 语言，只需要几行代码就可以轻松解决问题，特别是当工作重复度很高的时候，只要略微改动代码即可，可大大地节省时间，提高工作效率。

Python 是一种跨平台的计算机程序设计语言，是一种结合了解释性、编译性、互动性和面向对象的脚本语言。其最初被设计用于编写自动化脚本（shell），随着版本的不断更新和语言新功能的添加，已被更多地用于独立的、大型项目的开发。

在实际应用中，如何将 Excel 与 Python 语言相结合进行数据处理，是数据分析从业者需要掌握的重点内容。虽然 Excel 也是进行数据处理的专业软件，但其在进行自动化操作方面不如 Python 灵活。利用 Python 可以很容易地读取、计算和编辑 Excel 文档中的数据，提高数据分析工作的效率。

本书主要讲述如何利用 Python 处理 Excel 文件，进而进行数据分析和可视化等操作。

Python 与 Excel 之所以能够结合应用，主要还是因为其各自的特点：

- Python 语言编写程序非常方便，统一语言带来记录方法的规范统一，当需要修改或者复制重要功能时，只需要调整设定的参数即可。
- Excel 电子表格处理软件中的每一步操作都来自鼠标单击，中间有一处错误，很多步骤都需要重新调整，浪费时间，而用来提升 Excel 电子表格处理能力的 VBA（Visual Basic for Applications）和宏又过于复杂，不如 Python 简单和容易使用。

由于编者水平有限，加之时间仓促，书中难免存在不当之处，恳请读者批评指正。

编　者

2021 年 11 月

目　　录

第 1 章　Python 基础

1.1　Python 语言介绍

Python 语言诞生于 20 世纪 90 年代初，由荷兰人 Guido van Rossum 发明。

Python 语言的特点如下所述。

（1）简单。Python 语言的语法非常“优雅”，没有其他编程语言的大括号、分号等特殊符号，代表一种极简的设计思想。

（2）易学。Python 语言入手快，学习门槛低，可以直接通过命令行的交互环境来学习。

（3）免费开源。Python 语言中的所有内容都是免费开源的，可以免费使用。

（4）自动内存管理。Python 语言中的内存管理是自动完成的，可以使我们专注于程序本身。

（5）可以移植。Python 语言是开源的，其本身已经被移植到了大多数的平台上，如 Windows、macOS、Linux、Android、iOS 等。

（6）解释性。Python 语言编写的程序不需要编译成二进制代码，可以直接从源代码运行程序。

（7）面向对象。Python 语言既支持面向过程，又支持面向对象，使编写程序更加灵活。

（8）可扩展。Python 语言除使用 Python 本身编写程序外，还可以混合使用 C 语言、Java 语言等。

（9）丰富的第三方库。Python 不仅本身具有丰富强大的库，而且由于 Python 语言的开源特性，第三方库也非常多，如应用于 Web 开发、爬虫、科学计算等方面的第三方库。

Python 语言的代码整洁美观，用缩进表示大括号，一般缩进 4 个空格（一个 Tab 键的位置），若程序中的语句需要换行，则缩进必须保持一样，否则运行时会报错。

1.2　快速搭建 Python 开发环境

1.2.1　Python 软件的下载与安装（Windows 系统）

（1）通过搜索引擎搜索“Python 官网”，然后打开 Python 官网，界面如图 1-2-1 所示。

（2）选择网页上的 Downloads→Windows 命令，界面如图 1-2-2 所示。

（3）在弹出的界面中向下滚动屏幕，找到 Python 3.7.4，选择其下方的 Windows x86-64 executable installer 进行下载，如图 1-2-3 所示。

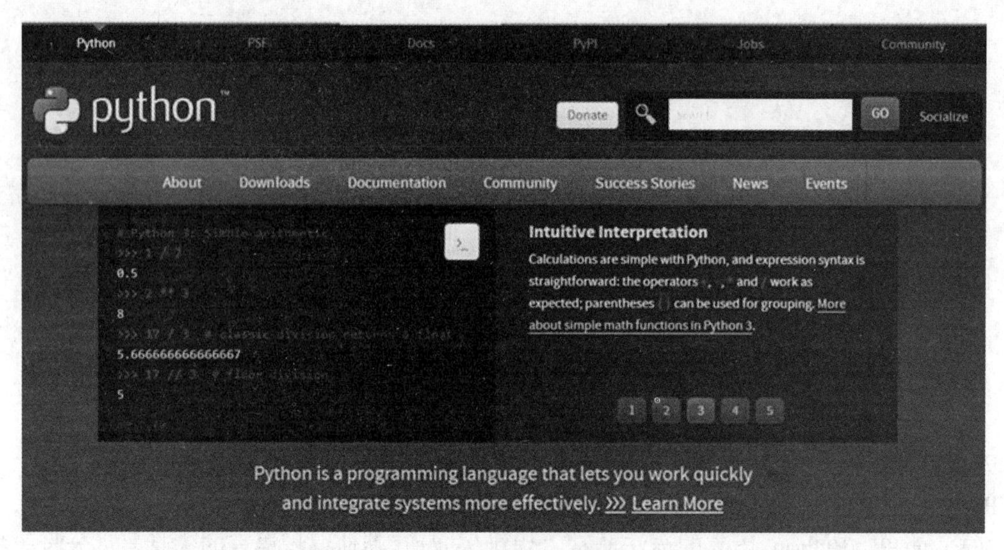

图 1-2-1 Python 官网界面

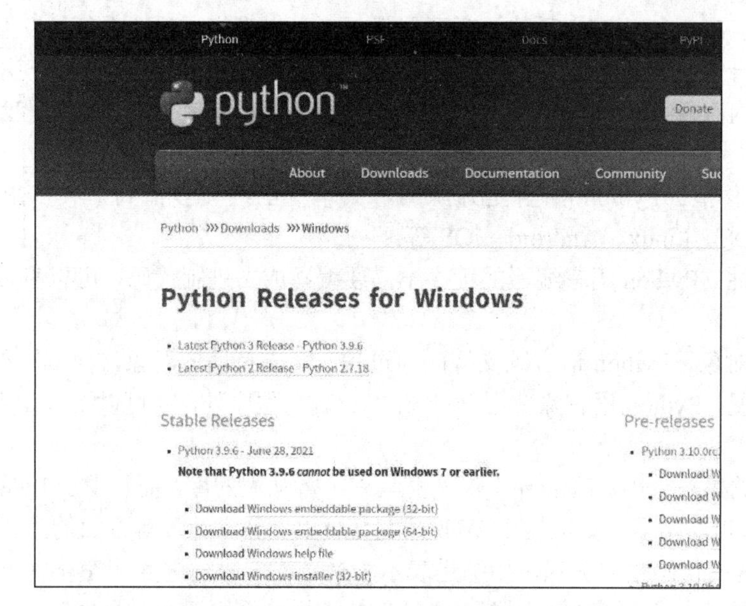

图 1-2-2 选择 Downloads→Windows 命令

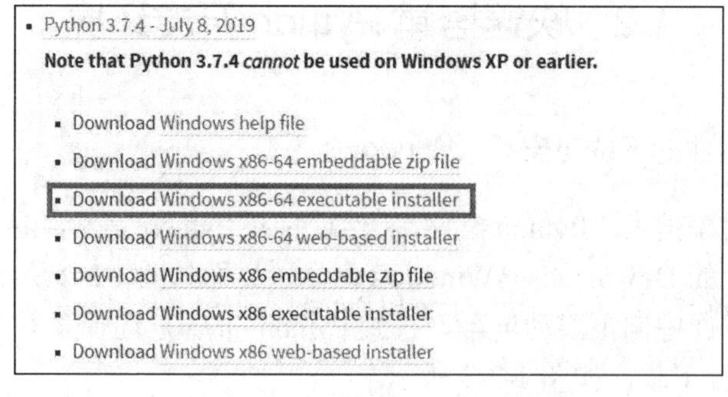

图 1-2-3 选择 64 位 Windows

（4）文件下载之后，找到如图 1-2-4 所示的 Python 安装文件。

图 1-2-4　Python 安装文件

（5）双击 python-3.7.4-amd64 图标，在弹出的界面中勾选 Add Python 3.7 to PATH 选项，单击 Install Now 进行安装，如图 1-2-5 所示。

图 1-2-5　Python 安装界面

（6）按照提示进行安装，直到出现如图 1-2-6 所示界面。

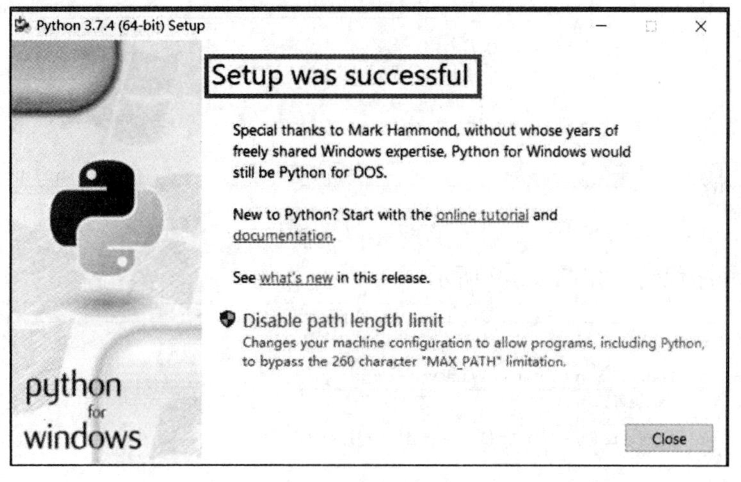

图 1-2-6　安装成功界面

（7）单击 Close 按钮安装完成。双击 IDLE(Python 3.7 64-bit)图标进入 Python 工作主界面，如图 1-2-7 所示。

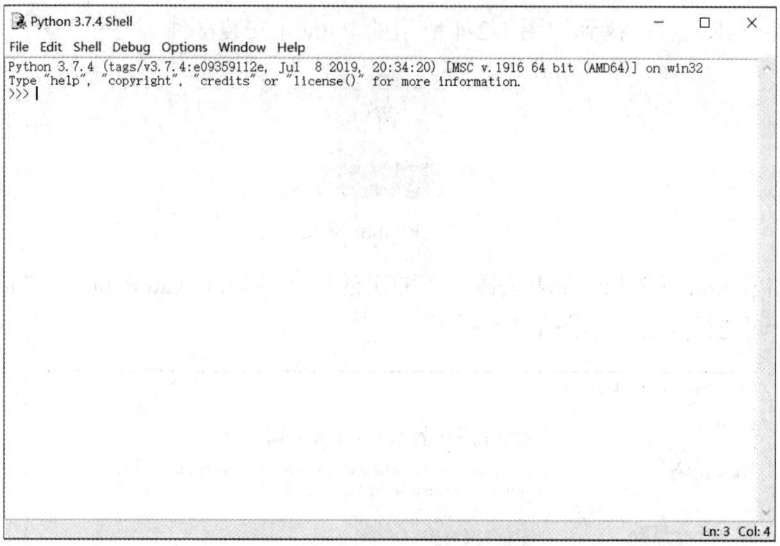

图 1-2-7　Python 工作主界面

1.2.2　Python 软件的使用

（1）双击 IDLE(Python 3.7 64-bit)图标，进入 Python 工作主界面。

（2）选择 File→New File 命令，新建文件，如图 1-2-8 所示。

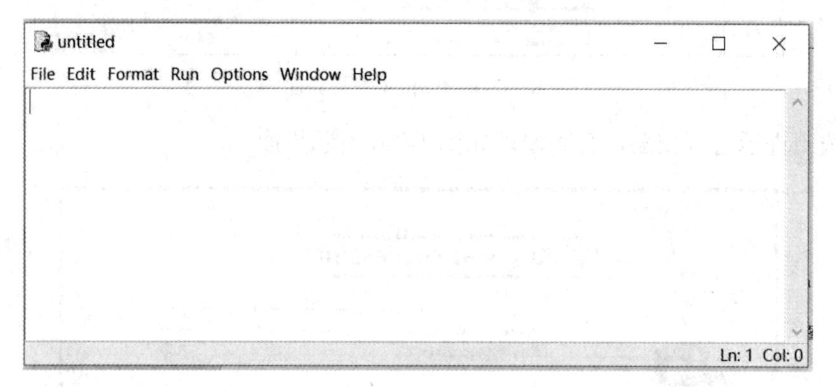

图 1-2-8　新建文件

（3）输入程序代码，如图 1-2-9 所示。

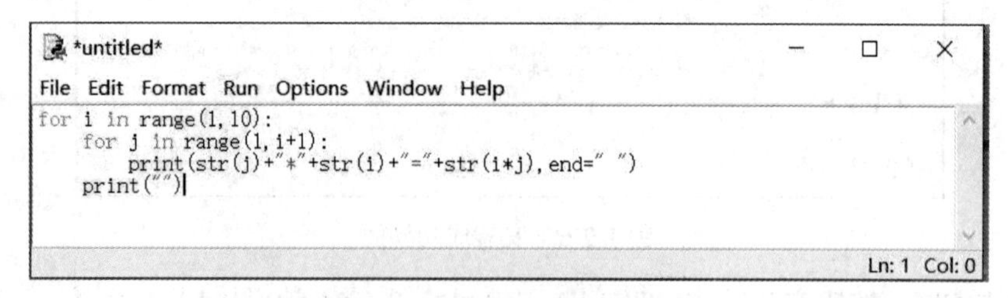

图 1-2-9　编写 Python 程序界面

（4）保存文件，按 F5 键（快捷键）运行程序，程序运行结果如图 1-2-10 所示。

```
Python 3.7.4 Shell
File Edit Shell Debug Options Window Help
Python 3.7.4 (tags/v3.7.4:e09359112e, Jul  8 2019, 20:34:20) [MSC v.1916 64 bit
(AMD64)] on win32
Type "help", "copyright", "credits" or "license()" for more information.
>>>
================== RESTART: C:\Users\69081\Desktop\11.py ==================
1*1=1
1*2=2 2*2=4
1*3=3 2*3=6 3*3=9
1*4=4 2*4=8 3*4=12 4*4=16
1*5=5 2*5=10 3*5=15 4*5=20 5*5=25
1*6=6 2*6=12 3*6=18 4*6=24 5*6=30 6*6=36
1*7=7 2*7=14 3*7=21 4*7=28 5*7=35 6*7=42 7*7=49
1*8=8 2*8=16 3*8=24 4*8=32 5*8=40 6*8=48 7*8=56 8*8=64
1*9=9 2*9=18 3*9=27 4*9=36 5*9=45 6*9=54 7*9=63 8*9=72 9*9=81
>>>
Ln: 14 Col: 4
```

图 1-2-10　程序运行结果

1.3　Python 语言的核心

程序控制是程序中的重要组成部分。在 Python 语言中，简单地说程序控制只有两种，一种是循环语句，一种是条件语句，同时，列表和字典也是很重要的两个概念。可以说，循环、条件、列表、字典构成了 Python 语言的核心部分，是 Python 语言的基础。

1.3.1　循环语句

循环语句包含 for 循环和 while 循环两种。

1．for 循环

for 循环的语句格式如下：

```
for 变量名 range(初值,终值,步长)
```

实例 01：连续输出 0～9 十个数。

代码如下：

```
for i in range(10):
    print(i)
```

运行结果如图 1-3-1 所示。

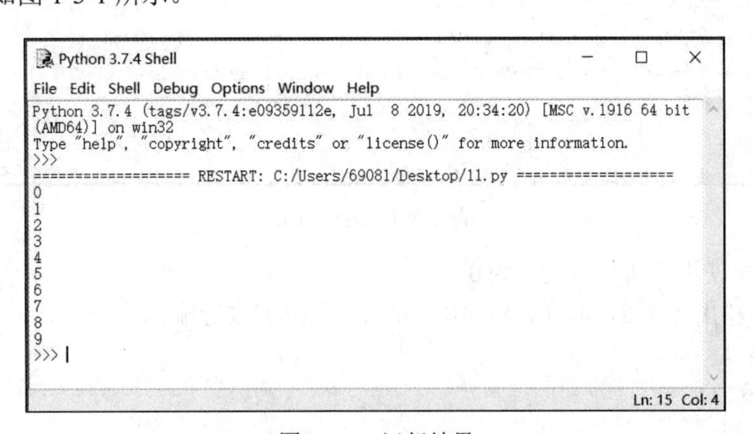

图 1-3-1　运行结果

说明：for 循环语句的结尾是英文“:”，并且循环体里面的 print(i)需要缩进一个 Tab 键的距离。上述代码中，变量 i 是从 0 开始变化的，并且不包含括号里的 10，即为“左闭右开”区间。range(10)中的 10 为终值，初值可以不写，默认值为 0，若步长不写，则默认值为+1。

在实例 01 中，程序的输出方式为纵向排列，我们可以将程序进行小的改动，使输出方式为横向排列。

实例 02：连续输出 0～9 十个数，并以横向排列进行输出。

代码如下：

```
for i in range(10):
    print(i,end=" ")
```

运行结果如图 1-3-2 所示。

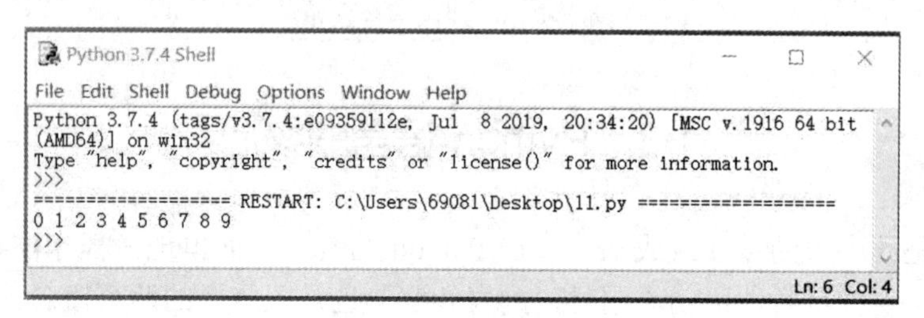

图 1-3-2　运行结果

说明：end=" "的含义是不换行（Python 语言中的 print("")语句默认为换行），两个引号之间为空格，表示以空格间隔两个数据；可以根据需要把空格换成逗号等其他符号；若需要强制换行，则输入 print("")即可。

实例 03：连续输出 3～8 区间的数字，并以横向排列进行输出。

代码如下：

```
for i in range(3,9):
    print(i,end=" ")
```

运行结果如图 1-3-3 所示。

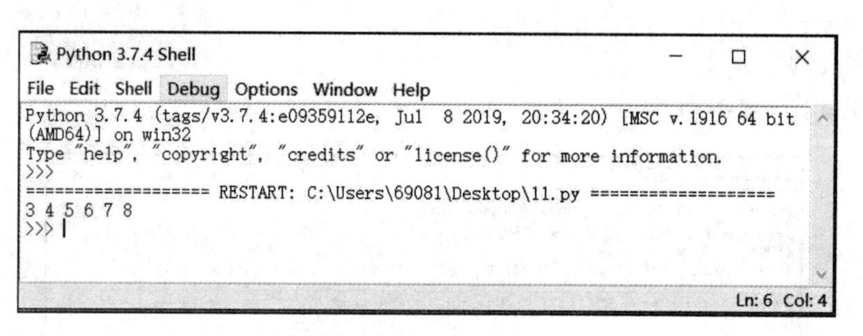

图 1-3-3　运行结果

说明：这里使用了初值，设定为 3。

实例 04：输出数字 2、4、6、8、10，并以横向排列进行输出。

代码如下：

```
for i in range(2,11,2):
    print(i,end=" ")
```

运行结果如图 1-3-4 所示。

```
Python 3.7.4 Shell
File Edit Shell Debug Options Window Help
Python 3.7.4 (tags/v3.7.4:e09359112e, Jul  8 2019, 20:34:20) [MSC v.1916 64 bit
(AMD64)] on win32
Type "help", "copyright", "credits" or "license()" for more information.
>>>
=================== RESTART: C:\Users\69081\Desktop\11.py ===================
2 4 6 8 10
>>> |
Ln: 6  Col: 4
```

图 1-3-4　运行结果

说明：本例中初值为 2，终值为 11（不包括 11），步长为+2，简写为 2。需要注意的是，步长可以为负值，读者可以根据实际情况调整初值和终值。

实例 05：输出九九乘法表。

代码如下：

```
for i in range(1,10):
    for j in range(1,i+1):
        print(str(j)+"*"+str(i)+"=",i*j,end=" ")
    print("")
```

运行结果如图 1-3-5 所示。

```
Python 3.7.4 Shell
File Edit Shell Debug Options Window Help
Python 3.7.4 (tags/v3.7.4:e09359112e, Jul  8 2019, 20:34:20) [MSC v.1916 64 bit
(AMD64)] on win32
Type "help", "copyright", "credits" or "license()" for more information.
>>>
=================== RESTART: C:\Users\69081\Desktop\11.py ===================
1*1= 1
1*2= 2 2*2= 4
1*3= 3 2*3= 6 3*3= 9
1*4= 4 2*4= 8 3*4= 12 4*4= 16
1*5= 5 2*5= 10 3*5= 15 4*5= 20 5*5= 25
1*6= 6 2*6= 12 3*6= 18 4*6= 24 5*6= 30 6*6= 36
1*7= 7 2*7= 14 3*7= 21 4*7= 28 5*7= 35 6*7= 42 7*7= 49
1*8= 8 2*8= 16 3*8= 24 4*8= 32 5*8= 40 6*8= 48 7*8= 56 8*8= 64
1*9= 9 2*9= 18 3*9= 27 4*9= 36 5*9= 45 6*9= 54 7*9= 63 8*9= 72 9*9= 81
>>> |
Ln: 14  Col: 4
```

图 1-3-5　九九乘法表

说明：本例中使用到了双循环，其中内循环的格式需要依次向后缩进一个 Tab 键位置；str()为转换函数，将数值型数据转换为字符型数据，使其方便与“+”“=”等字符连接（相加）；最后一行中的 print("")语句的含义是强制换行。

2. while 循环

while 循环语句使用的概率没有 for 循环语句大，但其不可替代性也是显而易见的。在编写程序时如果不清楚终值的具体数值，可以采用 while 循环语句。

实例 06：使用 while 循环语句画出五角星。

代码如下：

```
from turtle import *
while True:
    fd(200)
    rt(144)
    if abs(pos())<1:
        break
```

运行结果如图 1-3-6 所示。

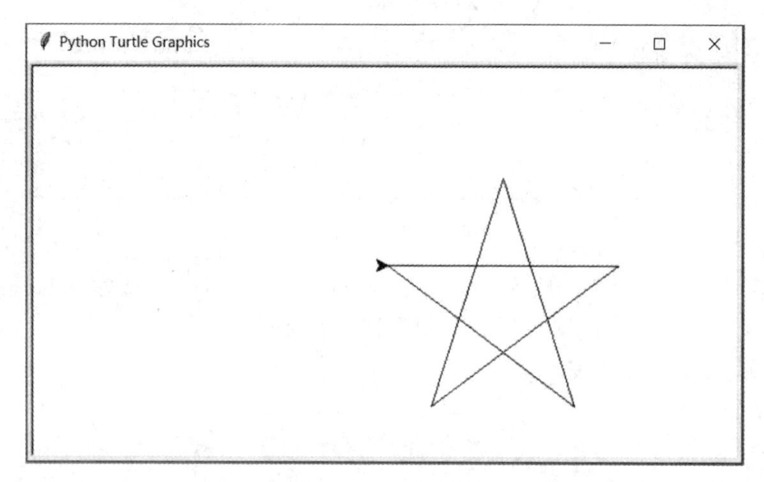

图 1-3-6 运行结果

说明：while 循环语句的结尾是英文“:”，循环体里的所有程序体需要缩进一个 Tab 键的距离；本例中 break 语句为结束循环，与其对应的语句是 continue。在上述代码基础上，更改程序中弧度的度数，还可以画出六角星、八角星等。

实例 07：使用 while 循环语句输出 20 以内的所有偶数。

代码如下：

```
count=0
while True:
    count+=2
    print(count, end=" ")
    if count>19:
        break            #中断，跳出循环
```

运行结果如图 1-3-7 所示。

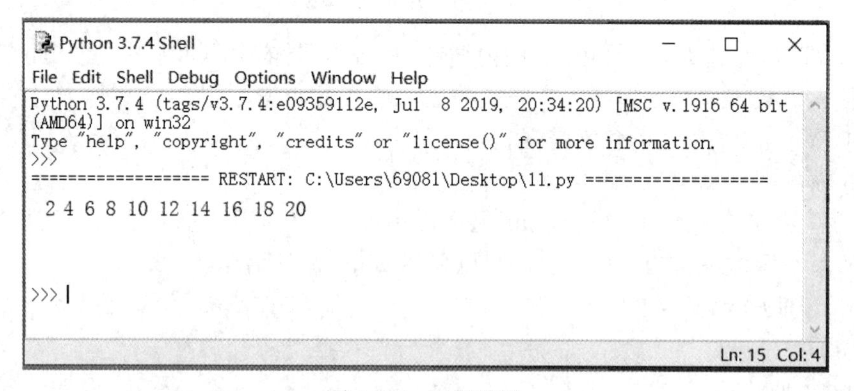

图 1-3-7 运行结果

实例 08：输出 100 以内所有能被 5 整除的数。

代码如下：

```
count=0
while count<100:
```

```
    count+=1
    if int(count/5)!=count/5:
        continue        #满足条件重新判断
    print(count, end =" ")
```

运行结果如图 1-3-8 所示。

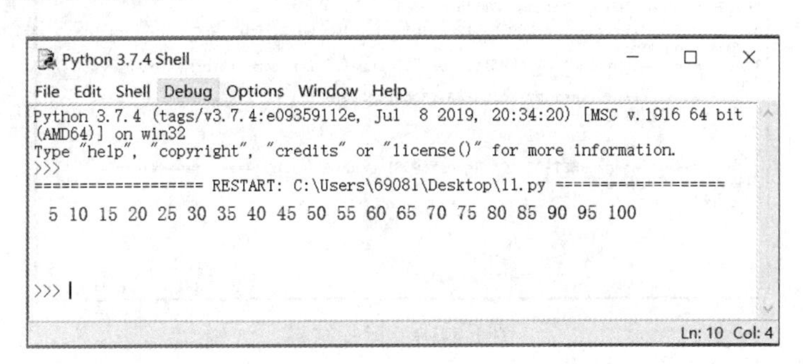

图 1-3-8　运行结果

1.3.2　条件语句

条件语句也是 Python 语言中重要的、常用的方法，其中包括简单条件语句、二分支条件语句、多分支条件语句。

1. 简单条件语句（if）

实例 09：输出 100 以内（1～100）的是 7 的倍数的数。

代码如下：

```
for i in range(1,101):
    if int(i/7)==i/7:
        print(i,end=" ")
```

运行结果如图 1-3-9 所示。

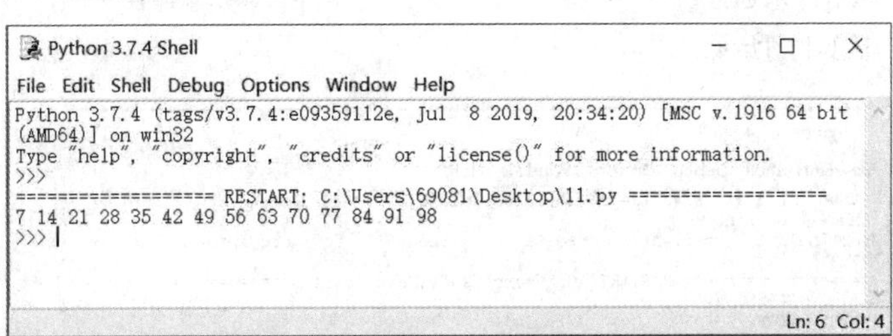

图 1-3-9　运行结果

说明：if 条件语句的结尾是英文“:”，循环体里的所有程序体需要缩进一个 Tab 键的距离；int()为取整函数；在 Python 语言中，两个等号（==）表示等于，单个等号（=）表示赋值。

2. 二分支条件语句（if-else）

实例 10：通过键盘输入一个数字，判断其为奇数还是偶数。

代码如下：

```
n=input("请输入一个整数 N：")
if int(n)%2==0:
    print(str(n)+"是偶数")
```

```
else:
    print(str(n)+"是奇数")
```

运行结果如图 1-3-10 所示。

```
Python 3.7.4 Shell
File Edit Shell Debug Options Window Help
Python 3.7.4 (tags/v3.7.4:e09359112e, Jul  8 2019, 20:34:20) [MSC v.1916 64 bit (AMD64)] on win32
Type "help", "copyright", "credits" or "license()" for more information.
>>>
================== RESTART: C:\Users\69081\Desktop\11.py ==================
请输入一个整数N：26
26是偶数
>>>
================== RESTART: C:\Users\69081\Desktop\11.py ==================
请输入一个整数N：35
35是奇数
>>> |
Ln: 11 Col: 4
```

图 1-3-10　运行结果

说明：本例中 int()为转换函数，将字符型数据转换为数值型数据；input 接收语句接收的数据默认为字符型，需要将其转换为数值型才可以进行运算；int()函数同时具有取整的含义，要注意加以区分。

3. 多分支条件语句（if-elif-else）

实例 11：输入学生成绩，判断其等级。

代码如下：

```
n=input("请输入学生成绩：")
if int(n)>=90:
    print("成绩"+n+"：优秀")
elif 60<=int(n)<90:
    print("成绩"+n+"：通过")
else:
    print("成绩"+n+"：末通过")
```

运行结果如图 1-3-11 所示。

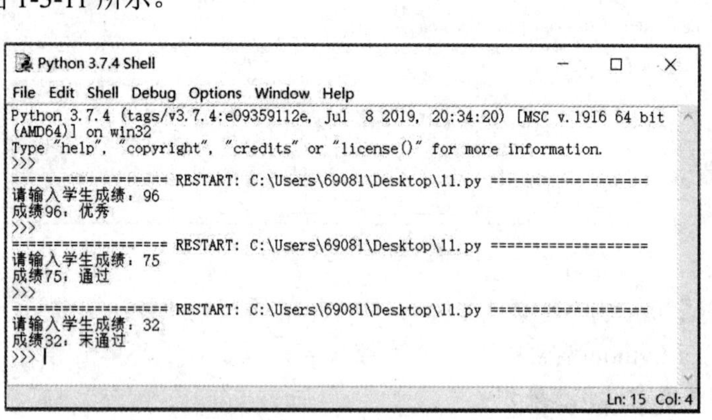

图 1-3-11　运行结果

1.3.3　列表

列表是包含 0 个或多个对象的有序序列，没有长度限制，可自由增删元素。没有元素的列表称为空列表。列表是存储和检索数据的有序序列。当访问列表中的元素时，可以通过整数的索引进行查找，这个索引是元素在列表中的序号。列表用中括号（[]）表示。

实例 12：创建列表。

创建一个列表，列表元素包含 123，"abc"，[20,"python"]，456。

命令及运行结果如下：

```
>>> py=[123,"abc",[20,"python"],456]
>>> print(py)
[123, 'abc', [20, 'python'], 456]
```

说明：本例中，列表 py 中包含一个子列表[20,"python"]。

实例 13：提取出实例 12 的列表中的字母 p。

命令及运行结果如下：

```
>>> py=[123,"abc",[20,"python"],456]
>>> print(py)
[123, 'abc', [20, 'python'], 456]
>>> py[2][-1][0]
'p'
>>>
```

说明：本例中涉及列表中“分片”的概念。首先要明确 Python 语言中计数是从 0 开始的，本例中 py[2]的结果为[20,"python"]；在此基础上，py[2][-1]的结果是取最后一项，即"python"；在此基础上，py[2][-1][0]是取"python"中的第一个字母，即 p。

列表的相关操作见表 1-3-1。

表 1-3-1 Python 中列表命令汇总

列表命令	说明
py[i]=x	将列表 py 中的第 i 项数据替换为 x
py[i:j]=lt	用列表 lt 替换列表 py 中第 i 到第 j 项的数据（不含第 j 项，下同）
py[i:j:k]=lt	用列表 lt 替换列表 py 中第 i 到第 j 项以 k 为步长的数据
del py[i:j]	删除列表 py 中第 i 到第 j 项的数据
del py[i:j:k]	删除列表 py 中第 i 到第 j 项以 k 为步长的数据
py+=lt	将列表 lt 中的元素添加到列表 py 中
py*=n	更新列表 py，其元素重复 n 次
py.append(x)	在列表 py 的最后增加一个元素 x
py.clear()	删除 py 中的所有元素
py.copy()	生成一个新列表，并复制 py 中的所有元素到新列表
py.insert(i,x)	在列表 py 的第 i 项位置增加元素 x
py.pop(i)	将列表 py 中的第 i 项元素取出并删除该元素
py.remove(x)	将列表中出现的第一个 x 元素删除
py.reverse(x)	将列表 py 中的元素反转排序

1.3.4 字典

字典是包含若干“键:值”（也称为键值对）元素的无序可变序列。字典中的每个元素包含用英文冒号分隔开的“键”和“值”两部分。不同元素之间用英文逗号分隔。字典用大括号（{}）表示。

实例 14：创建字典。

创建一个字典，字典元素（键为省名称，值为省会名称）包含"广东":"广州","吉林":"长春","辽宁":"沈阳"。

命令及运行结果如下：

```
>>> sh={"广东":"广州","吉林":"长春","辽宁":"沈阳"}
>>> print(sh)
{'广东': '广州', '吉林': '长春', '辽宁': '沈阳'}
>>>
```

实例 15：在例 14 的字典中查找“辽宁”的省会。

命令及运行结果如下：

```
>>> sh={"广东":"广州","吉林":"长春","辽宁":"沈阳"}
>>> print(sh)
{'广东': '广州', '吉林': '长春', '辽宁': '沈阳'}
>>> sh["辽宁"]
'沈阳'
>>>
```

说明：字典中的每个元素表示一种映射关系，根据提供的“键”可以访问对应的“值”，如果字典中不存在这个“键”则会报错。本例中涉及的键值对为"辽宁":"沈阳"。

字典的相关操作见表 1-3-2。

表 1-3-2 Python 中字典命令汇总

字典命令	说明
<sh>.keys()	返回字典 sh 所有的键信息
<sh>.values()	返回字典 sh 所有的值信息
<sh>.items()	返回字典 sh 所有的键值对信息
<sh>.get(<key>,<default>)	键存在则返回相应值，否则返回默认值
<sh>.pop(<key>,<default>)	键存在则返回相应值，同时删除键值对，否则返回默认值
<sh>.popitem()	随机从字典 sh 中取出一个键值对，以元组(key, value)形式返回
<sh>.clear()	删除字典 sh 中所有的键值对
del<sh>[<key>]	删除字典 sh 中某一个键值对
<key>in<sh>	如果键存在于字典 sh 中则返回 True，否则返回 False

1.4 常用第三方库简介

第三方库是对应于标准库而言的：随解释器直接安装到操作系统中的功能模块称为标准库，需要经过安装才能使用的功能模块称为第三方库。

Python 语言的库分为 Python 标准库和 Python 第三方库。Python 的标准库是随着 Python 安装默认自带的库。Python 第三方库需要将其下载后安装到 Python 的安装目录下。不同的第三方库的安装及使用方法不同，但它们的调用方式是一样的，都需要用 import 语句调用。

1. pyinstaller 库

pyinstaller 库是将 Python 程序打包成可执行文件的第三方库。其安装方式为在命令行窗口执行命令 pip install pyinstaller。通过对程序文件打包，Python 程序可以在没有安装 Python 的环境中运行，也可以作为一个独立文件进行传递和管理。

2. jieba 库

jieba 库是 Python 中的中文分词函数库，主要提供分词功能。其安装方式为在命令行窗口执行命令 pip install jieba。jieba 库的分词模式包含精确模式、全模式和搜索引擎模式。

3. PIL 库

PIL（Python Image Library）库是 Python 中的图像处理库。其安装方式为在命令行窗口执行命令 pip install pillow。PIL 库支持图像存储、显示和处理，完成图像的缩放、剪裁、叠加以及向图像中添加线条和文字的功能。其主要功能包括图像归档和图像处理两个方面。

4. numpy 库

numpy 库是用于处理多维数组运算的第三方库，是科学计算的标准库。其安装方式为在命令行窗口执行命令 pip install numpy。numpy 库可以创建数组，并进行算术运算、三角运算、傅里叶变换、随机和概率分布等。

5. matplotlib 库

matplotlob 库是数据绘图库，主要用于实现各种数据展示图形的绘制。其安装方式为在命令行窗口执行命令 pip install matplotlib。matplotlib 库提供了 pyplot 模块，在该模块中提供了一批预定义的绘图函数，方便用户使用。

6. beautifulsoup4 库

beautifulsoup4 库是一个解析和处理 HTML（超文本标记语言）和 XML（可扩展标记语言）的第三方库。其安装方式为在命令行窗口执行命令 pip install beautifulsoup4。beautifulsoup4 库将专业的 Web 页面格式解析部分封装成函数，提供了实用且便捷的处理函数。

7. requests 库

requests 库是用来处理 HTTP（超文本传输协议）请求的第三方库。其安装方式为在命令行窗口执行命令 pip install requests。requests 库具有非常丰富的链接访问功能，是实现网络爬虫不可或缺的外部库。

1.5　本章总结

本章主要介绍 Python 语言的基础、Python 软件的安装及使用、Python 语言的程序结构和常用的第三方库。本章主要是为读者建立一个 Python 语言的框架，为后续学习打下基础，扫清障碍。

程序控制结构是本章的重点，也是 Python 学习的基础，但仅仅停留在此基础上是不够的。Python 语言的强大之处就在于第三方库的应用，可以说没有第三方库的应用就没有 Python 语言的存在价值。通过后续章节的讲解，希望能拓展读者的视野，显示 Python 语言的宽广用途及其本身的实用性。

第 2 章　Python 办公自动化之 xlrd 库、xlwt 库和 xlwings 库

2.1　创建及读取 Excel 文件

2.1.1　创建 Excel 文件

实例 01：在 D:盘 abc 文件夹下创建一个工作簿，要求其中包含名为“职工工资”的工作表，在第 1 个单元格中输入“职工号”，并将工作簿以“211.xls”为名进行保存。

代码如下：

```
import xlwt                                    #调用第三方库
newwb=xlwt.Workbook()                          #创建工作簿
worksheet=newwb.add_sheet("职工工资")           #创建工作表
worksheet.write(0,0,"职工号")                   #填写内容
newwb.save(r"d:\abc\211.xls")                  #保存工作簿
```

运行结果如图 2-1-1 所示。

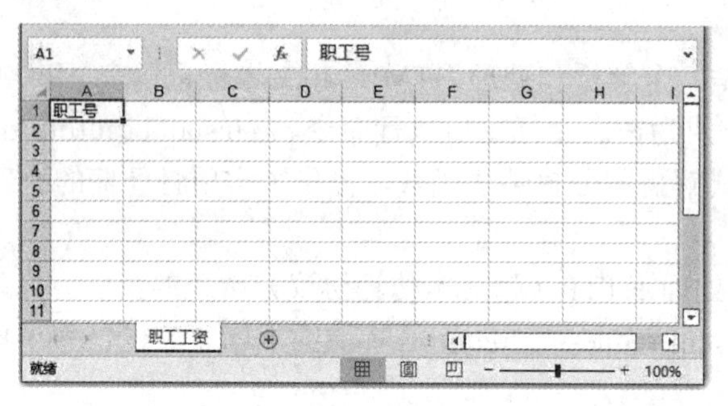

图 2-1-1　运行结果

说明：在工作表中，第 1 个单元格的位置为 0,0，在进行保存时，代码中的小写字母“r”的含义为转义；首先需要在 D:盘建立一个名字为 abc 的文件夹，用来存放所创建的文件并完成相应第三方库的安装；xlrd 是 Python 语言中用于读取 Excel 表格内容的外部库，可以实现指定工作表、指定单元格的读取；xlrd 支持.xls 文件的读取，对.xlsx 文件无效；注意此实例中保存的文件扩展名为.xls。

2.1.2　读取 Excel 文件

实例 02：打开工作簿“饮料销售情况.xls”并输出其中内容。

代码如下：

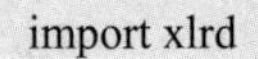

```
import xlrd
```

```
excelbook=xlrd.open_workbook(r"d:\abc\饮料销售情况.xls")    #获取工作簿
she=excelbook.sheet_by_index(0)                              #获取工作表
for i in range(she.nrows):                                   #输出工作表中的数据
    print(she.row(i))
```

运行结果如图 2-1-2 所示。

```
Python 3.7.4 Shell
File  Edit  Shell  Debug  Options  Window  Help
Python 3.7.4 (tags/v3.7.4:e09359112e, Jul  8 2019, 20:34:20) [MSC v.1916 64 bit
(AMD64)] on win32
Type "help", "copyright", "credits" or "license()" for more information.
>>>
=================== RESTART: C:\Users\69081\Desktop\11.py ===================
[text:'品名', text:'单位', text:'容量', text:'数量', text:'总价']
[text:'怡宝', text:'瓶', number:1.6, text:'350ml', number:50.0, empty:'']
[text:'农夫山泉', text:'瓶', number:1.6, text:'380ml', number:50.0, empty:'']
[text:'屈臣氏', text:'瓶', number:2.5, text:'400ml', number:50.0, empty:'']
[text:'加多宝', text:'瓶', number:5.5, text:'500ml', number:30.0, empty:'']
[text:'可口可乐', text:'瓶', number:2.8, text:'330ml', number:40.0, empty:'']
[text:'椰树椰汁', text:'听', number:4.6, text:'245ml', number:60.0, empty:'']
[text:'美汁源', text:'瓶', number:4.0, text:'330ml', number:60.0, empty:'']
[text:'雪碧', text:'听', number:2.9, text:'330ml', number:60.0, empty:'']
[text:'红牛饮料', text:'听', number:6.9, text:'250ml', number:30.0, empty:'']
>>> |
Ln: 15  Col: 4
```

图 2-1-2　运行结果

说明：本实例需要先行设定在 D:盘 abc 文件夹下存在一个名字为“饮料销售情况.xls”的 Excel 文件（具体文件见本书提供的教学素材）。

2.1.3　读取 Excel 工作表（以工作表名称打开）

实例 03：以工作表名称打开工作表。

代码如下：

```
import xlrd
excelbook=xlrd.open_workbook(r"d:\abc\饮料销售情况.xls")    #获取工作簿
she=excelbook.sheet_by_name("sheet1")                        #获取工作表
for i in range(she.nrows):                                   #输出工作表中的数据
    print(she.row(i))
```

运行结果如图 2-1-2 所示。

说明：一个 Excel 文件就是一个 Excel 工作簿，Excel 工作簿由一个或多个工作表组成；打开 Excel 文件之后还需要打开具体的工作表；用 Python 读取 Excel 工作表的方法有两种，分别为以工作表名称打开和以工作表序号打开。

2.1.4　读取 Excel 工作表（以工作表序号打开）

实例 04：以工作表序号的方式打开工作表。

代码如下：

```
import xlrd
excelbook=xlrd.open_workbook(r"d:\abc\饮料销售情况.xls")    #获取工作簿
she=excelbook.sheets()[0]                                    #获取工作表
for i in range(she.nrows):                                   #输出工作表中的数据
    print(she.row(i))
```

运行结果如图 2-1-2 所示。

说明：本实例中所用的 sheets()函数代表所有工作表。

2.2 写入数据及计算数据

2.2.1 写入数据

实例 05：建立工作簿，并在其中建立工作表“销售情况”，在该工作表的第 1 行第 1 列输入内容“品名”并以“221.xls”为名保存工作簿。

代码如下：

```
import xlwt                                    #导入库
wb=xlwt.Workbook()                             #创建新的工作簿
she=wb.add_sheet("销售情况")                    #创建新的工作表
she.write(0,0,"品名")                           #写入数据
wb.save(r"d:\abc\221.xls")                     #保存工作簿
```

运行结果如图 2-2-1 所示。

图 2-2-1 运行结果

说明：xlwt 库用于将内容写入 Excel 文件，可以实现指定表单、指定单元格的写入。

2.2.2 获取工作表总行数（nrows）

实例 06：打开工作簿“饮料销售情况.xls”，输出其中工作表中的数据总行数。

代码如下：

```
import xlrd
excelbook=xlrd.open_workbook(r"d:\abc\饮料销售情况.xls")  #获取工作簿
she=excelbook.sheets()[0]                                #获取工作表
print(she.nrows)                                         #输出工作表中的数据总行数
```

运行结果如下：

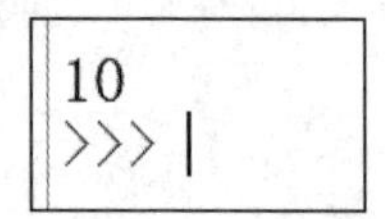

说明：对于工作表中包含数据的行数，在工作表中数据量小的情况下可以直接看出；在工作表中数据量大的情况下，可以通过程序进行计算。

2.2.3　获取工作表总列数（ncols）

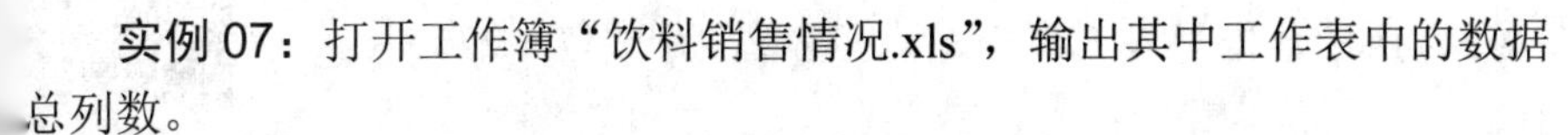

实例 07：打开工作簿“饮料销售情况.xls”，输出其中工作表中的数据总列数。

代码如下：

```
import xlrd
excelbook=xlrd.open_workbook(r"d:\abc\饮料销售情况.xls")  #获取工作簿
she=excelbook.sheets()[0]                              #获取工作表
print(she.ncols)                                       #输出工作表中的数据总列数
```

运行结果如下：

```
6
>>> |
```

2.2.4　row(索引)获取对应的行

实例 08：打开工作簿“饮料销售情况.xls”，并输出其中工作表中第 3 行（农夫山泉）的数据。

代码如下：

```
import xlrd
excelbook=xlrd.open_workbook(r"d:\abc\饮料销售情况.xls")  #获取工作簿
she=excelbook.sheets()[0]                              #获取工作表
print(she.row(2))                                      #输出工作表中第 3 行的数据
```

运行结果下。

```
[text:'农夫山泉', text:'瓶', number:1.6, text:'
380ml', number:50.0, empty:'']
>>> |
```

说明：Python 语言中的顺序是从 0 开始的，本实例中第 3 行在 row()中表述为 2。

2.2.5　col(索引)获取对应的列

实例 09：打开工作簿“饮料销售情况.xls”，并输出其中工作表中第 4 列（容量）的数据。

代码如下：

```
import xlrd
excelbook=xlrd.open_workbook(r"d:\abc\饮料销售情况.xls")  #获取工作簿
she=excelbook.sheets()[0]                              #获取工作表
print(she.col(3))                                      #输出工作表中第 4 列的数据
```

运行结果如下：

```
[text:'容量', text:'350ml', text:'380ml', text:'400ml', text:'
500ml', text:'330ml', text:'245ml', text:'330ml', text:'330ml'
, text:'250ml']
>>> |
```

2.2.6 使用字典向工作表中写入数据

实例 10：将图 2-2-2 所示数据写入工作表“销售情况”中并以“226.xls”为工作簿名进行保存。

	A	B	C	D	E	F
1	品名	单位	单价	容量	数量	总价
2	怡宝	瓶	1.6	350ml	50	
3	农夫山泉	瓶	1.6	380ml	50	
4	屈臣氏	瓶	2.5	400ml	50	
5	加多宝	瓶	5.5	500ml	30	
6	可口可乐	瓶	2.8	330ml	40	
7	椰树椰汁	听	4.6	245ml	60	
8	美汁源	瓶	4	330ml	60	
9	雪碧	听	2.9	330ml	60	
10	红牛饮料	听	6.9	250ml	30	
11						
12						

图 2-2-2 “销售情况”工作表

代码如下：

```
import xlrd
import xlwt
wb=xlwt.Workbook()                     #创建新的工作簿
she=wb.add_sheet("销售情况")           #创建新的工作表

xsqk={"品名":["单位","单价","容量","数量","总价"],
"怡宝":["瓶",1.6,"350ml",50],
"农夫山泉":["瓶",1.6,"380ml",50],
"屈臣氏":["瓶",2.5,"400ml",50],
"加多宝":["瓶",5.5,"500ml",30],
"可口可乐":["瓶",2.8,"330ml",40],
"椰树椰汁":["听",4.6,"245ml",60],
"美汁源":["瓶",4,"330ml",60],
"雪碧":["听",2.9,"330ml",60],
"红牛饮料":["听",6.9,"250ml",30]}

i=0
for key,value in xsqk.items():
    she.write(i,0,key)                 #将字典中的键放在第 0 列
    for j in range(len(value)):
        she.write(i,j+1,value[j])      #写入数据
    i+=1
wb.save(r"d:\abc\226.xls")             #保存工作簿
```

运行结果如图 2-2-2 所示。

说明：将大批量数据写入 Excel 文件需要借助字典工具。字典也是 Python 语言的重要组

成部分，涉及的术语有字典、键、值、键值对，其中键和值通过英文冒号连接，不同键值对之间用英文逗号隔开，字典通过大括号（{}）建立。上述代码中 items() 函数的功能是，以列表方式返回可遍历（就是从第一个元素到最后的元素依次访问一遍）的键、值，代码中使用了双循环语句。

2.2.7 利用公式计算数据并进行填充

实例 11：将实例 10 工作表中的“总价”写入“227.xls”文件中并进行保存。

代码如下：

```
import xlrd
import xlwt
wb=xlwt.Workbook()                    #创建新的工作簿
she=wb.add_sheet("销售情况")           #创建新的工作表

xsqk={"品名":["单位","单价","容量","数量","总价"],
"怡宝":["瓶",1.6,"350ml",50],
"农夫山泉":["瓶",1.6,"380ml",50],
"屈臣氏":["瓶",2.5,"400ml",50],
"加多宝":["瓶",5.5,"500ml",30],
"可口可乐":["瓶",2.8,"330ml",40],
"椰树椰汁":["听",4.6,"245ml",60],
"美汁源":["瓶",4,"330ml",60],
"雪碧":["听",2.9,"330ml",60],
"红牛饮料":["听",6.9,"250ml",30]}

i=0
for key,value in xsqk.items():
    she.write(i,0,key)              #将字典中的键放在第 0 列
    for j in range(len(value)):
        she.write(i,j+1,value[j])   #写入数据
    i+=1

m=0                                 #代表行
for key,value in xsqk.items():
    if m>0:
        she.write(m,len(value)+1,value[1]*value[3])
    m+=1

wb.save(r"d:\abc\227.xls")          #保存工作簿
```

运行结果如图 2-2-3 所示。

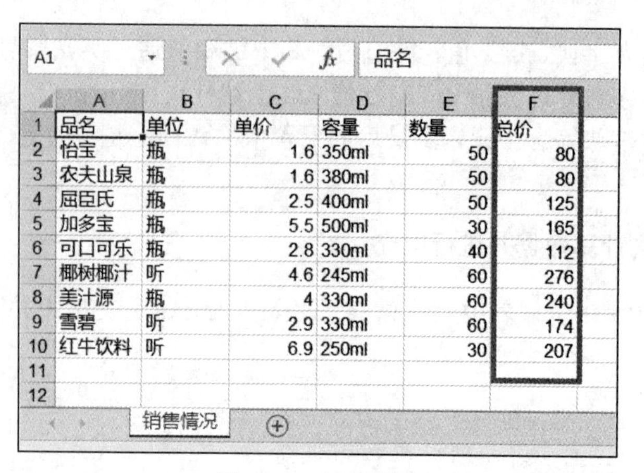

A1 | 品名

	A	B	C	D	E	F
1	品名	单位	单价	容量	数量	总价
2	怡宝	瓶	1.6	350ml	50	80
3	农夫山泉	瓶	1.6	380ml	50	80
4	屈臣氏	瓶	2.5	400ml	50	125
5	加多宝	瓶	5.5	500ml	30	165
6	可口可乐	瓶	2.8	330ml	40	112
7	椰树椰汁	听	4.6	245ml	60	276
8	美汁源	瓶	4	330ml	60	240
9	雪碧	听	2.9	330ml	60	174
10	红牛饮料	听	6.9	250ml	30	207
11						
12						

销售情况

图 2-2-3 运行结果

说明：除了原始数据以外，工作表中的其他数据可以通过计算获得。本例是在实例 10 的基础上计算出总价，其中用到的 len()方法用来计算列的长度；value[1]代表单价；value[3]代表数量；若需要增加新的数据，可以通过在字典尾部写入实现。

2.2.8 修改源工作表中数据的方式（修改内容）

实例 12：打开工作簿“饮料销售情况.xls”，将其 sheet1 工作表中第 3 行第 1 列的数据“农夫山泉”修改为“百事可乐”，并将工作簿以“228.xls”为名进行保存。

代码如下：

```
import xlwings as xw                        #导入库
wb=xw.Book(r"d:\abc\饮料销售情况.xls")
sht=wb.sheets["sheet1"]
sht.range("A3").value="百事可乐"             #修改对应表格数据

wb.save(r"d:\abc\228.xls")                  #保存工作簿
```

运行结果如图 2-2-4 所示。

A1 | 品名

	A	B	C	D	E	F
1	品名	单位	单价	容量	数量	总价
2	怡宝	瓶	1.6	350ml	50	
3	百事可乐	瓶	1.6	380ml	50	
4	屈臣氏	瓶	2.5	400ml	50	
5	加多宝	瓶	5.5	500ml	30	
6	可口可乐	瓶	2.8	330ml	40	
7	椰树椰汁	听	4.6	245ml	60	
8	美汁源	瓶	4	330ml	60	
9	雪碧	听	2.9	330ml	60	
10	红牛饮料	听	6.9	250ml	30	
11						
12						

sheet1 Sheet2

图 2-2-4 运行结果

说明：xlwings 第三方库可以读写 Excel 文件，并且可识别.xlsx 或.xls 文件类型（注意其与 xlrd 和 xlwt 的区别），同时可以进行单元格格式的设置和修改。如果工作表中的数据量巨大，应该以程序的方式进行修改。

2.2.9　修改源工作表中数据的方式（修改标题）

实例 13：打开工作簿“饮料销售情况.xls”，将工作表 sheet1 中第 1 行第列数据“品名”修改为“品名名称”，并将工作簿以“229.xls”为名进行保存。

代码如下：

```
import xlwings as xw                                          #导入库
wb=xw.Book(r"d:\abc\饮料销售情况.xls")
sht=wb.sheets["sheet1"]
sht.range("A1").value=sht.range("A1").value+"名称"          #修改对应表格数据

wb.save(r"d:\abc\229.xls")                                    #保存工作簿
```

运行结果如图 2-2-5 所示。

A1　品名名称

	A	B	C	D	E	F
1	品名名称	单位	单价	容量	数量	总价
2	怡宝	瓶	1.6	350ml	50	
3	农夫山泉	瓶	1.6	380ml	50	
4	屈臣氏	瓶	2.5	400ml	50	
5	加多宝	瓶	5.5	500ml	30	
6	可口可乐	瓶	2.8	330ml	40	
7	椰树椰汁	听	4.6	245ml	60	
8	美汁源	瓶	4	330ml	60	
9	雪碧	听	2.9	330ml	60	
10	红牛饮料	听	6.9	250ml	30	
11						
12						

sheet1　Sheet2

图 2-2-5　运行结果

2.2.10　在源工作簿中增加新的工作表

实例 14：打开工作簿“饮料销售情况.xls”，增加名称为“销售情况”的新工作表，并将工作簿以“2210.xls”为名进行保存。

代码如下：

```
import xlwings as xw
app=xw.App(visible=True,add_book=False)         #启动 Excel 程序
wobo=app.books.open(r"d:\abc\饮料销售情况.xls")
sht=wobo.sheets["sheet1"]
wobo.sheets.add("销售情况")                       #增加工作表

wobo.save(r"d:\abc\2210.xls")                     #保存工作簿
wobo.close()                                      #关闭工作簿
app.quit()                                        #退出 Excel 程序
```

运行结果如图 2-2-6 所示。

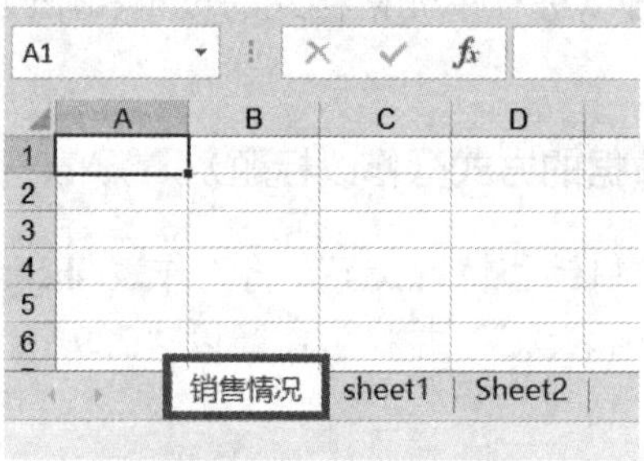

图 2-2-6　运行结果

2.2.11　复制工作簿

实例 15：通过复制 D:盘 abc 文件夹下的“饮料销售情况.xls”工作簿（文件），生成一个名为“2211.xls”的工作簿并将其保存。

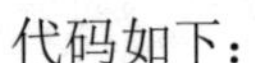

代码如下：

```
import xlrd
import xlwt
from xlutils.copy import copy

wosh=xlrd.open_workbook(r"d:\abc\饮料销售情况.xls")
new=copy(wosh)                    #复制工作簿

new.save(r"d:\abc\2211.xls")      #保存工作簿
```

运行结果：（略）。

说明：建立备份是保障数据安全的方法之一。特别要注意，正常运行本实例需要安装 xlutils 外部库。

2.2.12　激活活动表格

实例 16：将工作簿“饮料销售情况.xls”中的工作表 Sheet2 激活为活动表格，并将工作簿以“2212.xls”为名进行保存。

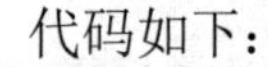

代码如下：

```
import xlwings as xw
app=xw.App(visible=True,add_book=False)    #启动 Excel 程序
wobo=app.books.open(r"d:\abc\饮料销售情况.xls")
she=wobo.sheets["Sheet2"]
she.activate()                    #设置活动表格

wobo.save(r"d:\abc\2212.xls")     #保存工作簿
wobo.close()                      #关闭工作簿
app.quit()                        #退出 Excel 程序
```

运行结果如图 2-2-7 所示。

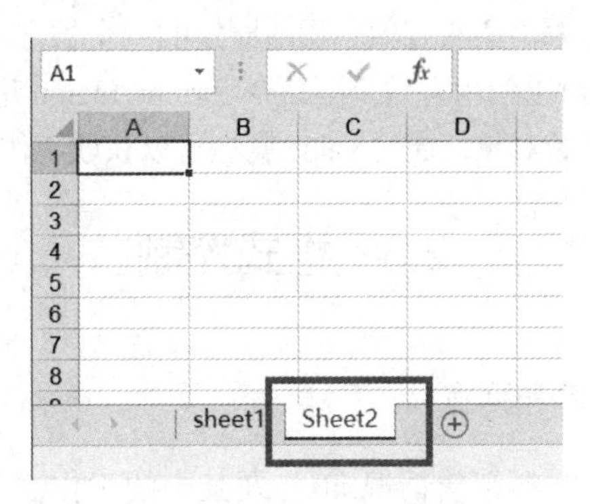

图 2-2-7　运行结果

说明：在操作 Excel 工作簿时，显示在当前屏幕上并可以操作的工作表称为活动表格。

2.2.13　获取工作表中有效范围内的有效数据

实例 17：打开工作簿“饮料销售情况.xls”及其中的工作表 sheet1，将其中内容全部显示。

代码如下：

```
import xlwings as xw
app=xw.App(visible=True,add_book=False)                #启动 Excel 程序
wobo=app.books.open(r"d:\abc\饮料销售情况.xls")          #获取工作簿
she=wobo.sheets[0]                                     #获取工作表
fw=she.range("A1:F10")                                 #设置范围
for i in fw.current_region.value:
    print(i)
wobo.close()                                           #关闭工作簿
app.quit()                                             #退出 Excel 程序
```

运行结果如图 2-2-8 所示。

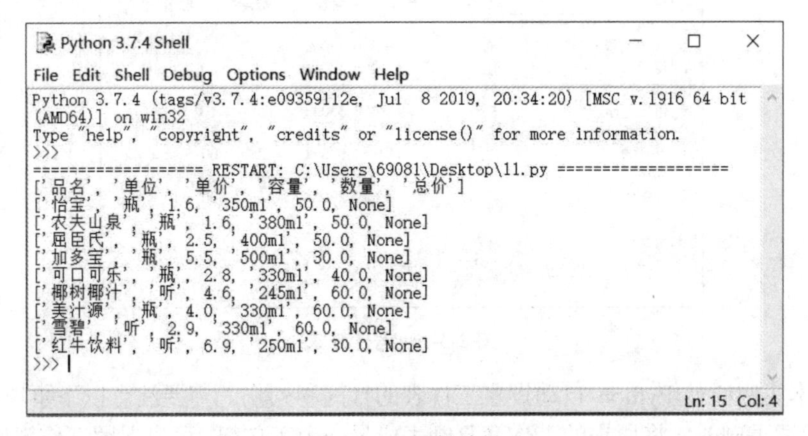

图 2-2-8　运行结果

说明：工作表中需要进行操作的一定范围内的数据称为有效数据，涉及以下概念。

- 有效数据：有内容的才是有效数据。
- 有效范围：一个工作表中所有有效数据所圈定的一个长方形区域（范围）。当不清楚工作表中有多少数据时，可以使用有效范围命令 current_region 进行查询；通过 fg.current_region 命令可以返回当前区域对象；通过 value 属性可以获取工作表的所有范围值。

2.3 格式控制

2.3.1 设置工作表的行高和列宽

实例 18：打开工作簿“饮料销售情况.xls”及其中的工作表“职工工资”，设置第 1 列的列宽为 20，设置第一行的行高为 40，并将工作簿以“231.xls”为名进行保存。

代码如下：

```
import xlrd
import xlwt
from xlutils.copy import copy
exbo=xlrd.open_workbook(r"d:\abc\饮料销售情况.xls")
nexbo=copy(exbo)                          #复制工作簿
nsht=nexbo.get_sheet(0)                   #打开新的工作表
nsht.col(0).width=256*20                  #设置列宽，256 为一个衡量单位
nsht.row(0).height_mismatch=True          #行高初始化
nsht.row(0).height=20*40                  #设置行高，20 为一个衡量单位

nexbo.save(r"d:\abc\231.xls")             #保存工作簿
```

运行结果如图 2-3-1 所示。

A1 品名

	A	B	C	D	E	F
1	品名	单位	单价	容量	数量	总价
2	怡宝	瓶	1.6	350ml	50	
3	农夫山泉	瓶	1.6	380ml	50	
4	屈臣氏	瓶	2.5	400ml	50	
5	加多宝	瓶	5.5	500ml	30	
6	可口可乐	瓶	2.8	330ml	40	
7	椰树椰汁	听	4.6	245ml	60	
8	美汁源	瓶	4	330ml	60	
9	雪碧	听	2.9	330ml	60	
10	红牛饮料	听	6.9	250ml	30	
11						
12						

sheet1 Sheet2

图 2-3-1　运行结果

说明：本实例通过 Python 自动设置工作表的行高和列宽。需要注意以下事项，修改 Excel 文件时，需要通过 xlutils 将原来的工作簿复制生成另一个工作簿（可以保留工作簿原有的格式）。

col().width 函数用来设置列宽，1 个衡量单位为 256。

row().height 用来设置行高，1 个衡量单位为 20。

2.3.2　设置工作表文字格式

实例 19：打开工作簿“饮料销售情况.xls”及其中的工作表 sheet1，在单元格 B13 中以黑体、不加粗、字号为 20 写入“文字格式”字样，并将工作簿以“232.xls”为名进行保存。

代码如下：

```
import xlrd
import xlwt
from xlutils.copy import copy
exbo=xlrd.open_workbook(r"d:\abc\饮料销售情况.xls")
nexbo=copy(exbo)                      #复制工作簿
nsht=nexbo.get_sheet(0)               #打开新的工作表

style=xlwt.XFStyle()                  #初始化样式（第 1 步）
font=xlwt.Font()                      #创建属性对象（第 2 步）

font.name="黑体"                      #设置字体名称（第 3 步）
font.blod=False                       #是否加粗（不加粗）
font.height=400                       #设置字号，值为字号*20

style.font=font                       #将设置好的属性赋值给 style 对应的属性（第 4 步）
nsht.write(12,1,"文字格式",style)     #写入数据时使用 style 对象（第 5 步）

nexbo.save(r"d:\abc\232.xls")         #保存工作簿
```

运行结果如图 2-3-2 所示。

A1　品名

	A	B	C	D	E	F
1	品名	单位	单价	容量	数量	总价
2	怡宝	瓶	1.6	350ml	50	
3	农夫山泉	瓶	1.6	380ml	50	
4	屈臣氏	瓶	2.5	400ml	50	
5	加多宝	瓶	5.5	500ml	30	
6	可口可乐	瓶	2.8	330ml	40	
7	椰树椰汁	听	4.6	245ml	60	
8	美汁源	瓶	4	330ml	60	
9	雪碧	听	2.9	330ml	60	
10	红牛饮料	听	6.9	250ml	30	
11						
12						
13		文字格式				
14						

sheet1　Sheet2

图 2-3-2　运行结果

说明：工作表中文字格式的设置是使工作表更加美观的方式之一。文字格式的设置主要包括以下 5 步。

第 1 步：初始化样式。

第 2 步：创建属性对象。

第 3 步：设置字体名称，设置文字是否加粗，设置字号。

第 4 步：将设置好的属性赋值给 style 对应的属性。

第 5 步：写入数据时使用 style 对象。

2.3.3 设置字体属性（Font）

实例 20：打开工作簿“饮料销售情况.xls”及其中的工作表 sheet1，在单元格 B13 中以 Microsoft JhengHei Light 为字体、加粗、字号为 30、斜体、颜色为 12 写入“文字格式”字样，并将工作簿以“233.xls”为名进行保存。

代码如下：

```
import xlrd
import xlwt
from xlutils.copy import copy

exbo=xlrd.open_workbook(r"d:\abc\饮料销售情况.xls")

nexbo=copy(exbo)                          #复制工作簿
nsht=nexbo.get_sheet(0)                   #打开新的工作表

style=xlwt.XFStyle()                      #初始化样式（第 1 步）

font=xlwt.Font()                          #创建字体属性对象（第 2 步）

font.name="Microsoft JhengHei Light"      #字体名称（第 3 步）
font.blod=True                            #是否加粗（加粗）
font.height=30*20                         #字号*30
font.italic=True                          #斜体
font.colour_index=12                      #颜色

style.font=font                           #将设置好的属性对象赋值给 style 对应的属性（第 4 步）
nsht.write(12,1,"文字格式",style)          #写入数据时使用 style 对象（第 5 步）

nexbo.save(r"d:\abc\233.xls")             #保存工作簿
```

运行结果如图 2-3-3 所示。

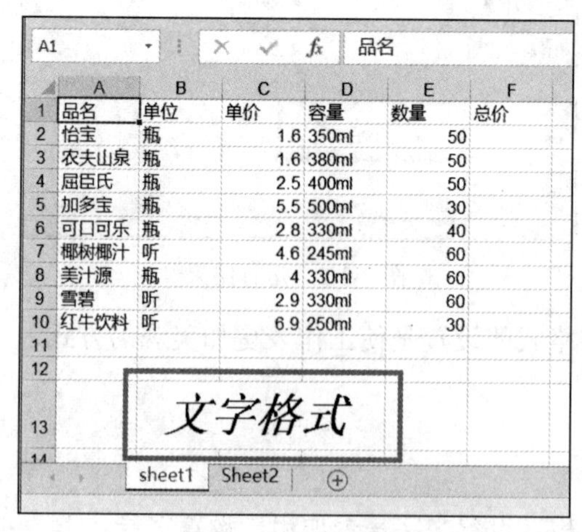

	A	B	C	D	E	F
1	品名	单位	单价	容量	数量	总价
2	怡宝	瓶	1.6	350ml	50	
3	农夫山泉	瓶	1.6	380ml	50	
4	屈臣氏	瓶	2.5	400ml	50	
5	加多宝	瓶	5.5	500ml	30	
6	可口可乐	瓶	2.8	330ml	40	
7	椰树椰汁	听	4.6	245ml	60	
8	美汁源	瓶	4	330ml	60	
9	雪碧	听	2.9	330ml	60	
10	红牛饮料	听	6.9	250ml	30	
11						
12						
13		文字格式				

图 2-3-3 运行结果

说明：字体的属性包括字体、字号、粗体、斜体、前景色等。本例以字体属性为例，创建字体属性对象的语句为 font=xlwt.Font()（第 2 步）。字体属性的各种具体数值及说明见表 2-3-1。

表 2-3-1　字体属性汇总

字体属性	说明
font.name="方正超粗黑简体"	字体名称，可设置任意字体
font.blod=False	是否加粗，True 为加粗，False 为不加粗
font.underline=True	是否添加下划线，True 为添加下划线，False 为不添加下划线
font.italic=True	是否为斜体，True 为斜体，False 不为斜体
font.escapement= xlwt.Font.ESCAPEMENT_NONE	字体效果 ESCAPEMENT_SUPERSCRIPT #常量值 1：字体悬空位于上方 ESCAPEMENT_SUBSCRIPT #常量值 2：字体悬空位于下方 ESCAPEMENT_NONE #常量值 3：字体没有这个效果
font.colour_index=33	参考颜色值

2.3.4　设置边框属性（Borders）

实例 21：打开工作簿“饮料销售情况.xls”及其中的工作表 sheet1，在单元格 B13 中分别设置上边框、下边框、左边框、右边框，同时写入“文字格式”字样，并将工作簿以“234.xls”为名进行保存。

代码如下：

```
import xlrd
import xlwt
from xlutils.copy import copy

exbo=xlrd.open_workbook(r"d:\abc\饮料销售情况.xls")

nexbo=copy(exbo)                    #复制工作簿
nsht=nexbo.get_sheet(0)             #打开新的工作表

style=xlwt.XFStyle()                #初始化样式（第 1 步）

borders=xlwt.Borders()              #创建边框属性对象（第 2 步）

borders.top=1                       #进行设置（第 3 步）
borders.bottom=2
borders.left=3
borders.right=4

style.borders=borders               #将设置好的属性对象赋值给 style 对应的属性（第 4 步）
nsht.write(12,1,"文字格式",style)    #写入数据时使用 style 对象（第 5 步）

nexbo.save(r"d:\abc\234.xls")       #保存工作簿
```

运行结果如图 2-3-4 所示。

	A	B	C	D	E	F
1	品名	单位	单价	容量	数量	总价
2	怡宝	瓶	1.6	350ml	50	
3	农夫山泉	瓶	1.6	380ml	50	
4	屈臣氏	瓶	2.5	400ml	50	
5	加多宝	瓶	5.5	500ml	30	
6	可口可乐	瓶	2.8	330ml	40	
7	椰树椰汁	听	4.6	245ml	60	
8	美汁源	瓶	4	330ml	60	
9	雪碧	听	2.9	330ml	60	
10	红牛饮料	听	6.9	250ml	30	
11						
12						
13		文字格式				
14						
15						

A1 品名 sheet1 Sheet2

图 2-3-4 运行结果

说明：本例以边框属性为例，创建边框属性对象的语句为 borders= xlwt.Borders（第 2 步）。边框属性的各种具体数值及说明见表 2-3-2。

表 2-3-2 边框属性汇总

边框属性	说明
borders.top=2	上边框：数字为像素单位，数字越大线越粗（下同）
borders.bottom=2	下边框
borders.left=2	左边框
borders.right=2	右边框
borders.left_colour=33	左边框颜色，参考颜色值
borders.right_colour=33	右边框颜色
borders.top_colour=33	上边框颜色
borders.bottom_colour=33	下边框颜色

2.3.5 设置对齐属性（Alignment）

实例 22：打开工作簿“饮料销售情况.xls”及其中的工作表 sheet1，在单元格 B13 中写入“文字格式”，设置相应的对齐方式，并将工作簿以“235.xls”为名进行保存。

代码如下：

```
import xlrd
import xlwt
from xlutils.copy import copy

exbo=xlrd.open_workbook(r"d:\abc\饮料销售情况.xls")
```

```
nexbo=copy(exbo)                                    #复制工作簿
nsht=nexbo.get_sheet(0)                             #打开新的工作表

style=xlwt.XFStyle()                                #初始化样式（第 1 步）

alignment=xlwt.Alignment()                          #创建对齐属性对象（第 2 步）

alignment.vert=xlwt.Alignment.VERT_TOP              #进行设置（第 3 步）
alignment.horz=xlwt.Alignment. HORZ_RIGHT

style.alignment=alignment                   #将设置好的属性对象赋值给 style 对应的属性（第 4 步）
nsht.write(12,1,"文字格式",style)            #写入数据时使用 style 对象（第 5 步）

nexbo.save(r"d:\abc\235.xls")               #保存工作簿
```

运行结果如图 2-3-5 所示。

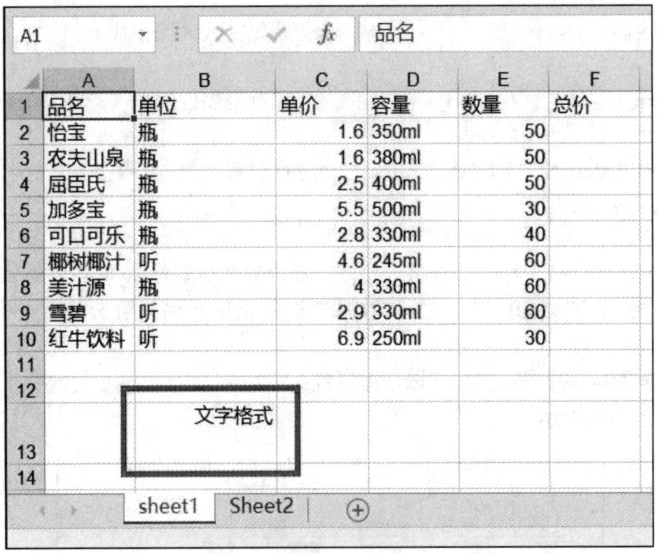

	A	B	C	D	E	F
1	品名	单位	单价	容量	数量	总价
2	怡宝	瓶	1.6	350ml	50	
3	农夫山泉	瓶	1.6	380ml	50	
4	屈臣氏	瓶	2.5	400ml	50	
5	加多宝	瓶	5.5	500ml	30	
6	可口可乐	瓶	2.8	330ml	40	
7	椰树椰汁	听	4.6	245ml	60	
8	美汁源	瓶	4	330ml	60	
9	雪碧	听	2.9	330ml	60	
10	红牛饮料	听	6.9	250ml	30	
11						
12						
13		文字格式				
14						

图 2-3-5　运行结果

说明：本例以对齐属性为例，创建对齐属性对象的语句为 alignment= xlwt.Alignment ()（第 2 步）。对齐属性的各种具体数值及说明见表 2-3-3。

表 2-3-3　对齐属性汇总

对齐属性	说明
alignment.vert=xlwt.Alignment.VERT_TOP	VERT_TOP 等价于 0x00，垂直方向上对齐
alignment.vert=xlwt.Alignment.VERT_CENTER	VERT_CENTER 等价于 0x01，垂直方向居中对齐
alignment.vert=xlwt.Alignment.VERT_BOTTOM	VERT_BOTTOM 等价于 0x02，垂直方向下对齐
alignment.vert=xlwt.Alignment.HORZ_LEFT	HORZ_LEFT 等价于 0x01，水平方向左对齐
alignment.vert=xlwt.Alignment.HORZ_CENTER	HORZ_CENTER 等价于 0x02，水平方向居中对齐
alignment.vert=xlwt.Alignment.HORZ_RIGHT	HORZ_RIGHT 等价于 0x03，水平方向右对齐

2.3.6 设置背景属性（Pattern）

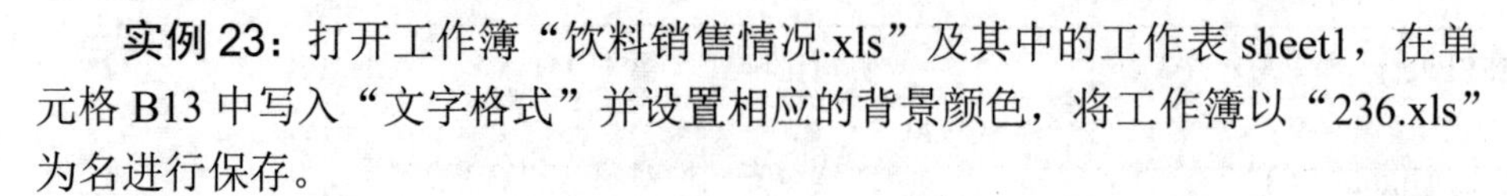

实例 23：打开工作簿“饮料销售情况.xls”及其中的工作表 sheet1，在单元格 B13 中写入“文字格式”并设置相应的背景颜色，将工作簿以“236.xls”为名进行保存。

代码如下：

```
import xlrd
import xlwt
from xlutils.copy import copy

exbo=xlrd.open_workbook(r"d:\abc\饮料销售情况.xls")


nexbo=copy(exbo)                                  #复制工作簿
nsht=nexbo.get_sheet(0)                           #打开新的工作表

style=xlwt.XFStyle()                              #初始化样式（第 1 步）

pattern=xlwt.Pattern()                            #创建背景属性对象（第 2 步）

pattern.pattern=xlwt.Pattern.SOLID_PATTERN        #进行设置（第 3 步）
pattern.pattern_fore_colour=3

style.pattern=pattern                  #将设置好的属性对象赋值给 style 对应的属性（第 4 步）
nsht.write(12,1,"文字格式",style)       #写入数据时使用 style 对象（第 5 步）

nexbo.save(r"d:\abc\236.xls")          #保存工作簿
```

运行结果如图 2-3-6 所示。

A1 品名

	A	B	C	D	E	F
1	品名	单位	单价	容量	数量	总价
2	怡宝	瓶	1.6	350ml	50	
3	农夫山泉	瓶	1.6	380ml	50	
4	屈臣氏	瓶	2.5	400ml	50	
5	加多宝	瓶	5.5	500ml	30	
6	可口可乐	瓶	2.8	330ml	40	
7	椰树椰汁	听	4.6	245ml	60	
8	美汁源	瓶	4	330ml	60	
9	雪碧	听	2.9	330ml	60	
10	红牛饮料	听	6.9	250ml	30	
11						
12						
13		文字格式				
14						

sheet1 Sheet2

图 2-3-6 运行结果

说明：本例以背景属性为例，创建背景属性对象的语句为 pattern = xlwt.Pattern()（第 2 步），背景属性的各种具体数值及说明见表 2-3-4。

表 2-3-4　背景属性设置

背景属性	说明
pattern.pattern=xlwt.Pattern.SOLID_PATTE	设置模式
Pattern.pattern_fore_colour=3	设置颜色，具体参考颜色值

2.3.7　设置字体颜色

实例 24：打开工作簿“饮料销售情况.xls”及其中的工作表 sheet1，将所有内容的字体颜色进行设置，并将工作簿以“237.xls”为名进行保存。

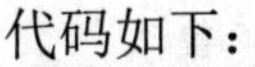

代码如下：

```
import xlwings as xw

app=xw.App(visible=True,add_book=False)
exbo=app.books.open(r"d:\abc\饮料销售情况.xls")
she=exbo.sheets["sheet1"]

fw=she.range("A1:F10")                #设置工作范围
def zh(r,g,b):                        #转换函数
    return (2**16)*b+(2**8)*g*r

fw.api.Font.Color=zh(12,56,122)       #设置颜色

exbo.save(r"d:\abc\237.xls")          #保存工作簿
exbo.close()
app.quit()
```

运行结果如图 2-3-7 所示。

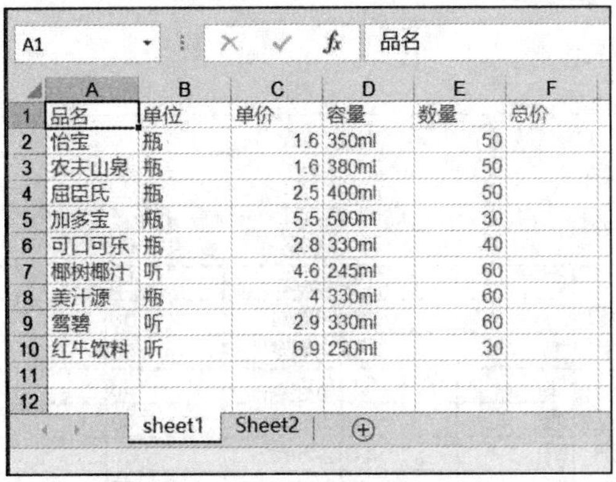

A1　品名

	A	B	C	D	E	F
1	品名	单位	单价	容量	数量	总价
2	怡宝	瓶	1.6	350ml	50	
3	农夫山泉	瓶	1.6	380ml	50	
4	屈臣氏	瓶	2.5	400ml	50	
5	加多宝	瓶	5.5	500ml	30	
6	可口可乐	瓶	2.8	330ml	40	
7	椰树椰汁	听	4.6	245ml	60	
8	美汁源	瓶	4	330ml	60	
9	雪碧	听	2.9	330ml	60	
10	红牛饮料	听	6.9	250ml	30	
11						
12						

sheet1　Sheet2

图 2-3-7　运行结果

说明：字体颜色称为前景色。本实例用了一个自定义转换函数（zh()）将字符串数据转换为数值型数据。

2.3.8　设置表格边框

实例 25：打开工作簿“饮料销售情况.xls”及其中的工作表 sheet1，将其

部分边框进行设置，并将工作簿以“238.xls”为名进行保存。

代码如下：

```
import xlwings as xw

app=xw.App(visible=True,add_book=False)
exbo=app.books.open(r"d:\abc\饮料销售情况.xls")
she=exbo.sheets["sheet1"]

fw=she.range("B2:F10")                    #设置工作范围

fw.api.Borders(7).LineStyle=2             #左边框
fw.api.Borders(7).Weight=3
fw.api.Borders(8).LineStyle=2             #上边框
fw.api.Borders(8).Weight=3
fw.api.Borders(9).LineStyle=2             #下边框
fw.api.Borders(9).Weight=3
fw.api.Borders(10).LineStyle=2            #右边框
fw.api.Borders(10).Weight=3
fw.api.Borders(11).LineStyle=2            #内部垂直边框
fw.api.Borders(11).Weight=3
fw.api.Borders(12).LineStyle=2            #内部水平边框
fw.api.Borders(12).Weight=3

exbo.save(r"d:\abc\238.xls")              #保存工作簿
exbo.close()
app.quit()
```

运行结果如图 2-3-8 所示。

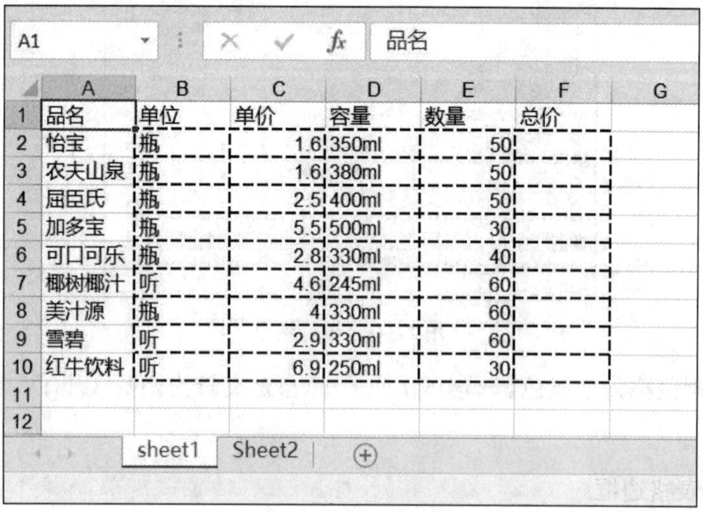

A1 品名

	A	B	C	D	E	F	G
1	品名	单位	单价	容量	数量	总价	
2	怡宝	瓶	1.6	350ml	50		
3	农夫山泉	瓶	1.6	380ml	50		
4	屈臣氏	瓶	2.5	400ml	50		
5	加多宝	瓶	5.5	500ml	30		
6	可口可乐	瓶	2.8	330ml	40		
7	椰树椰汁	听	4.6	245ml	60		
8	美汁源	瓶	4	330ml	60		
9	雪碧	听	2.9	330ml	60		
10	红牛饮料	听	6.9	250ml	30		
11							
12							

sheet1 Sheet2

图 2-3-8 运行结果

说明：设置表格边框涉及的具体数值及说明见表 2-3-5 和表 2-3-6。

表 2-3-5　边框属性设置

值	说明	值	说明
7	左边边框	5	左上角到右下角
8	顶部边框	6	从左下角到右上角
9	底部边框	11	内部垂直边框
10	右边边框	12	内部水平边框
LineStyle	线的风格	Weight	线的粗细

表 2-3-6　边框样式设置

样式	值	说明
Transparent	0	透明
Solid	1	实线
Dashes	2	虚线
Double Solid	8	双实线

2.3.9　设置行高、列宽、内容位置

实例 26：打开工作簿“饮料销售情况.xls”及其中的工作表 sheet1，将其部分行高、列宽进行设置，同时设置工作表中的内容在单元格中的位置，并将工作簿以“239.xls”为名进行保存。

代码如下：

```
import xlwings as xw

app=xw.App(visible=True,add_book=False)
exbo=app.books.open(r"d:\abc\饮料销售情况.xls")
she=exbo.sheets["sheet1"]

fw=she.range("B2:F10")                  #设置工作范围
fw.column_width=8                       #设置列宽
fw.row_height=25                        #设置行高
fw.api.HorizontalAlignment=-4152        #设置靠右
fw.api.VerticalAlignment=-4107          #设置靠下

exbo.save(r"d:\abc\239.xls")            #保存工作簿
exbo.close()
app.quit()
```

运行结果如图 2-3-9 所示。

说明：本例中设置了工作表行高和列宽，同时设置了内容所在的位置。具体属性值及其说明见表 2-3-7。

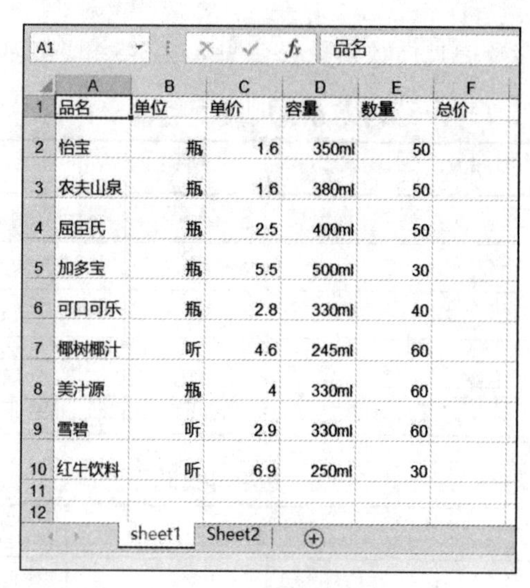

	A	B	C	D	E	F
1	品名	单位	单价	容量	数量	总价
2	怡宝	瓶	1.6	350ml	50	
3	农夫山泉	瓶	1.6	380ml	50	
4	屈臣氏	瓶	2.5	400ml	50	
5	加多宝	瓶	5.5	500ml	30	
6	可口可乐	瓶	2.8	330ml	40	
7	椰树椰汁	听	4.6	245ml	60	
8	美汁源	瓶	4	330ml	60	
9	雪碧	听	2.9	330ml	60	
10	红牛饮料	听	6.9	250ml	30	
11						
12						

图 2-3-9　运行结果

表 2-3-7　内容在单元格中的位置属性设置

属性	值	说明
HorizontalAlignment（水平方向）	-4152	靠右
	-4108	居中
	-4131	靠左
VerticalAlignment（垂直方向）	-4160	靠上
	-4108	居中
	-4107	靠下

2.3.10　合并单元格

实例 27：打开工作簿“饮料销售情况.xls”及其中的工作表 Sheet2，将表中的 B2:D5 单元格进行合并，并将工作簿以“2310.xls”为名进行保存。

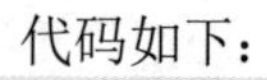

代码如下：

```
import xlwings as xw

app=xw.App(visible=True,add_book=False)
exbo=app.books.open(r"d:\abc\饮料销售情况.xls")
she=exbo.sheets["Sheet2"]

fw=she.range("B2:D5")           #设置工作范围
fw.api.Merge()                  #合并单元格

exbo.save(r"d:\abc\2310.xls")   #保存工作簿
exbo.close()
app.quit()
```

运行结果如图 2-3-10 所示。

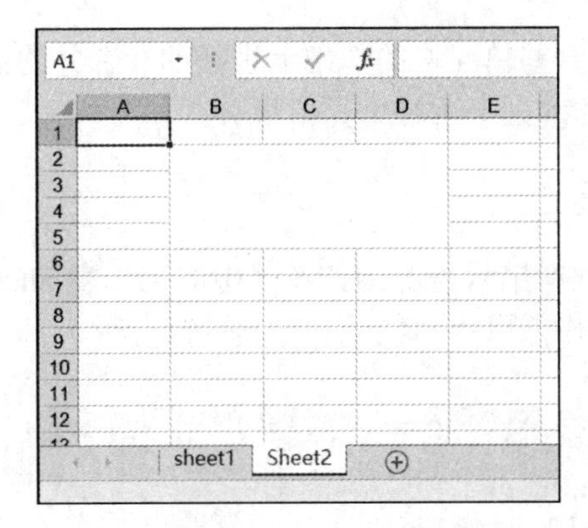

图 2-3-10　运行结果

说明：本实例中使用 api.Merge()函数合并指定的单元格。

2.3.11　拆分单元格

实例 28：打开工作簿“2310.xls”及其中的工作表 Sheet2，将 B2 单元格进行拆分，并将工作簿以“2311.xls”为名进行保存。

代码如下：

```
import xlwings as xw

app=xw.App(visible=True,add_book=False)
exbo=app.books.open(r"d:\abc\2310.xls")
she=exbo.sheets["Sheet2"]

fw=she.range("B2")                  #设置工作范围

fw.api.UnMerge()                    #拆分单元格

exbo.save(r"d:\abc\2311.xls")       #保存工作簿

exbo.close()
app.quit()
```

运行结果如图 2-3-11 所示。

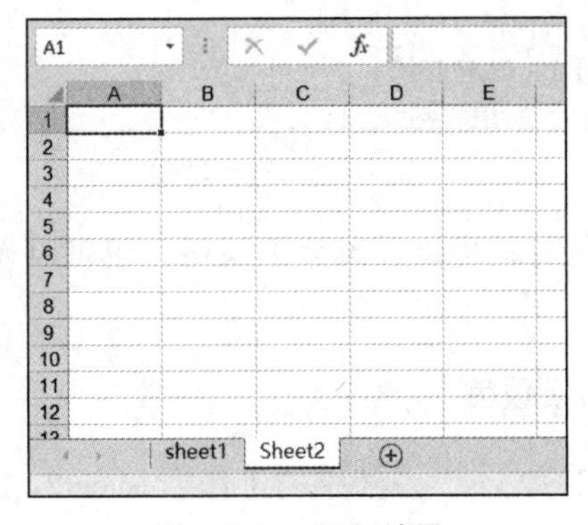

图 2-3-11　运行结果

说明：拆分单元格是在合并单元格的基础上进行的（合并的单元格才能进行拆分）。本实例是在实例 27 合并单元格的基础上进行单元格拆分。

2.3.12 设置表格背景颜色

实例 29：打开工作簿“饮料销售情况.xls”及其中的工作表 Sheet2，给 B2:D5 部分设置背景颜色，并将工作簿以“2312.xls”为名进行保存。

代码如下：

```
import xlwings as xw

app=xw.App(visible=True,add_book=False)
exbo=app.books.open(r"d:\abc\饮料销售情况.xls")
she=exbo.sheets["Sheet2"]

fw=she.range("B2:D5")            #设置工作范围

fw.color=(12,34,125)             #设置背景颜色

exbo.save(r"d:\abc\2312.xls")    #保存工作簿
exbo.close()
app.quit()
```

运行结果如图 2-3-12 所示。

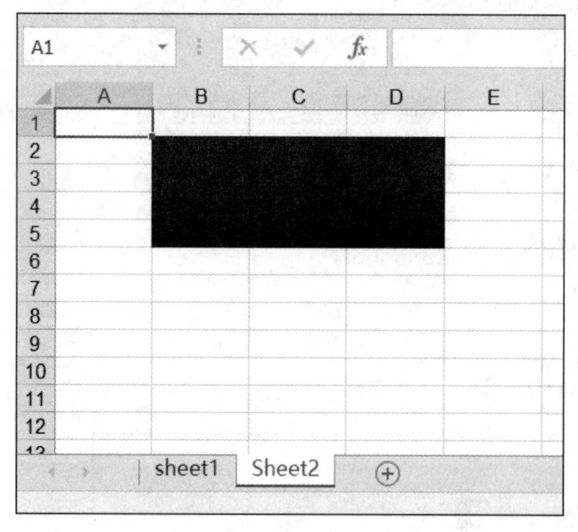

图 2-3-12 运行结果

说明：设置表格背景颜色时，可以设置全部表格，也可以设置部分表格。本实例设置了指定区域内的表格的背景颜色。

2.3.13 获取指定范围背景颜色

实例 30：打开工作簿“2312.xls”及其中的工作表 Sheet2，获取 B2:D5 区域的背景颜色。

代码如下：

```
import xlwings as xw

app=xw.App(visible=True,add_book=False)
exbo=app.books.open(r"d:\abc\2312.xls")
she=exbo.sheets["Sheet2"]

fw=she.range("B2:D5")        #设置工作范围

print(fw.color)              #获取背景颜色
exbo.close()
app.quit()
```

运行结果如下：

```
(12, 34, 125)
>>> |
```

说明：颜色由红、绿、蓝(R,G,B)三原色表示。本实例获取了某一个区域中具体的背景颜色，即表示颜色的准确数值。

2.3.14　清除表格背景颜色

实例 31：打开工作簿“2312.xls”及其中的工作表 Sheet2，将 B2:D5 区域内的背景颜色清除，并将工作簿以“2314.xls”为名进行保存。

代码如下：

```
import xlwings as xw

app=xw.App(visible=True,add_book=False)
exbo=app.books.open(r"d:\abc\2312.xls")
she=exbo.sheets["Sheet2"]

fw=she.range("B2:D5")             #设置工作范围

fw.color=(255,255,255)            #清除背景颜色

exbo.save(r"d:\abc\2314.xls")     #保存工作簿
exbo.close()
app.quit()
```

运行结果如图 2-3-13 所示。

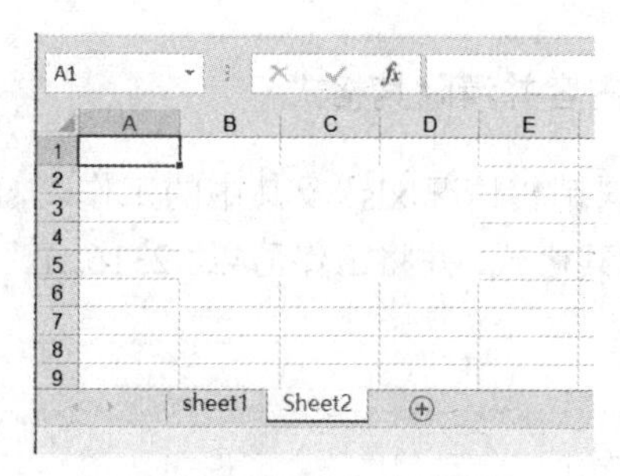

图 2-3-13　运行结果

说明：本实例清除了指定范围的背景颜色，实质上就是将背景颜色重新设置为白色，白色的 RGB 值为(255,255,255)。

2.3.15 删除指定范围的数据内容

实例 32：打开工作簿“饮料销售情况.xls”及其中的工作表 sheet1，将 B2:D5 区域内的数据内容删除，并将工作簿以“2315.xls”为名进行保存。

代码如下：

```
import xlwings as xw

app=xw.App(visible=True,add_book=False)
exbo=app.books.open(r"d:\abc\饮料销售情况.xls")
she=exbo.sheets["sheet1"]

fw=she.range("B2:D5")            #设置工作范围

fw.clear_contents()              #删除数据内容

exbo.save(r"d:\abc\2315.xls")    #保存工作簿
exbo.close()
app.quit()
```

运行结果如图 2-3-14 所示。

A1 品名

	A	B	C	D	E	F
1	品名	单位	单价	容量	数量	总价
2	怡宝				50	
3	农夫山泉				50	
4	屈臣氏				50	
5	加多宝				30	
6	可口可乐	瓶	2.8	330ml	40	
7	椰树椰汁	听	4.6	245ml	60	
8	美汁源	瓶	4	330ml	60	
9	雪碧	听	2.9	330ml	60	
10	红牛饮料	听	6.9	250ml	30	
11						
12						

sheet1 Sheet2

图 2-3-14 运行结果

2.3.16 删除指定范围的内容并清除其格式

实例 33：打开工作簿“饮料销售情况.xls”及其中的工作表 sheet1，将 B2:D5 区域内的数据内容删除并清除其格式，并将工作簿以“2316.xls”为名进行保存。

代码如下：

```
import xlwings as xw

app=xw.App(visible=True,add_book=False)
```

```
exbo=app.books.open(r"d:\abc\饮料销售情况.xls")
she=exbo.sheets["sheet1"]

fw=she.range("B2:D5")            #设置工作范围

fw.clear()                       #删除数据内容并清除格式

exbo.save(r"d:\abc\2316.xls")    #保存工作簿
exbo.close()
app.quit()
```

运行结果如图 2-3-15 所示。

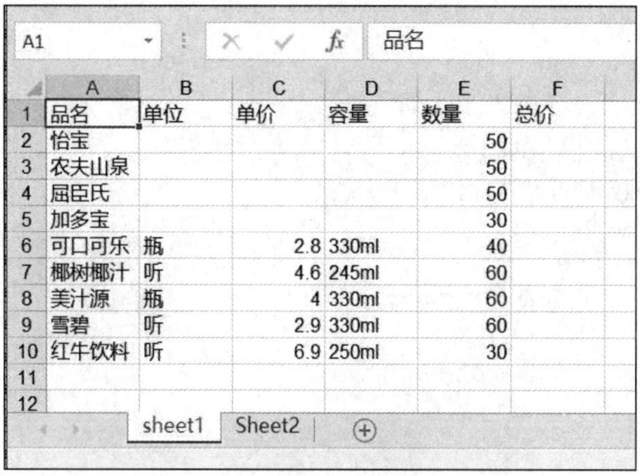

A1　品名

	A	B	C	D	E	F
1	品名	单位	单价	容量	数量	总价
2	怡宝				50	
3	农夫山泉				50	
4	屈臣氏				50	
5	加多宝				30	
6	可口可乐	瓶	2.8	330ml	40	
7	椰树椰汁	听	4.6	245ml	60	
8	美汁源	瓶	4	330ml	60	
9	雪碧	听	2.9	330ml	60	
10	红牛饮料	听	6.9	250ml	30	
11						
12						

sheet1　Sheet2

图 2-3-15　运行结果

说明：本例与实例 32 的区别在于，本实例不仅删除了指定区域的数据内容，同时也清除了该指定区域设置的格式。

2.3.17　查找指定范围的行标

实例 34：打开工作簿“饮料销售情况.xls”及其中的工作表 sheet1，给出 B2:D5 区域内的行标。

代码如下：

```
import xlwings as xw

app=xw.App(visible=True,add_book=False)
exbo=app.books.open(r"d:\abc\饮料销售情况.xls")
she=exbo.sheets["sheet1"]

fw=she.range("B2:D5")       #设置工作范围

print(fw.row)               #查找指定范围的行标
exbo.close()
app.quit()
```

运行结果如下：

```
2
>>>
```

说明：本实例获取工作表中一指定范围内数据所在的位置。需要注意的是，返回的是该指定数据范围最上边单元格的行标，即我们要获取的数据是从该行单元格开始。

2.3.18 查找指定范围的列标

实例 35：打开工作簿“饮料销售情况.xls”及其中的工作表 sheet1，给出 B2:D5 区域内的列标。

代码如下：

```
import xlwings as xw

app=xw.App(visible=True,add_book=False)
exbo=app.books.open(r"d:\abc\饮料销售情况.xls")
she=exbo.sheets["sheet1"]

fw=she.range("B2:D5")          #设置工作范围

print(fw.column)               #查找指定范围的列标
exbo.close()
app.quit()
```

运行结果如下：

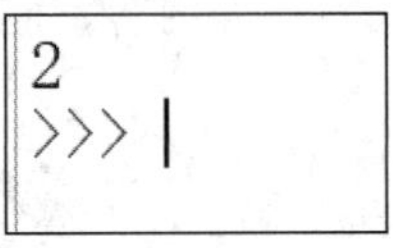

说明：返回的是指定数据范围的最左边单元格的列标，即我们要获取的数据是从该列单元格开始。

2.3.19 查找指定范围的“范围”、列的列数、列的内容

实例 36：打开工作簿“饮料销售情况.xls”及其中的工作表 sheet1，给出 B2:D5 单元格区域内的列数以及第 1 列的数据。

代码如下：

```
import xlwings as xw

app=xw.App(visible=True,add_book=False)
exbo=app.books.open(r"d:\abc\饮料销售情况.xls")
she=exbo.sheets["sheet1"]

fw=she.range("B2:D5")              #设置工作范围
```

```
print(fw.columns)                    #输出指定范围的“范围”
print(len(fw.columns))               #输出指定范围的列数
print(fw.columns(1).value)           #输出指定范围内第 1 列的数据

exbo.close()
app.quit()
```

运行结果如下：

```
RangeColumns(<Range [饮料销售情况.xls]sheet1!$B$2:$D$5>)
3
['瓶', '瓶', '瓶', '瓶']
>>> |
```

说明：本实例获取指定范围列的列数及其内容。需要说明的是，查找指定范围的行标表示该行标是指定范围内的第 1 行，我们要获取的数据的行是从该行标开始；查找指定范围的列标表示该列标是指定范围内的第 1 列，我们获取的数据的列是从该列标开始。

2.4　其他应用

2.4.1　自动创建表格

实例 37：通过获取用户输入数据、创建新的工作簿和工作表、设置工作表格式、向工作表中添加数据 4 个操作实现自动创建表格。

（1）获取用户输入数据。通过键盘获取数据，以空格为间隔，3 个数据为一组，并将其转换为列表输出。

代码如下：

```
flag=True
print(""*20,'====================')
print(""*20,"请输入产品信息")                        #提示信息
print(""*20,"例如：怡宝  1.6 100")
print(""*20,"结束时输入 ok 并按 Enter 键")
while flag:                                         #死循环
    str=input(""*21+"请输入数据：")
    if str=="ok":
        wobo.save(r"d:\abc\241.xls")                #保存文件
        wobo.close()                                #关闭工作簿
        app.quit()                                  #退出工作簿
        flag=False
    else:
        strlist=str.split("")                       #以空格为间隔，转换为列表
        print(strlist)                              #输出列表
        print(""*20,'====================')
```

运行结果如下：

```
===================
请输入产品信息
例如：怡宝 1.6 100
结束时输入ok并按Enter键
请输入数据：|
```

说明：超市中有大量的商品，每件商品的信息都包括商品名、数量、售价、进货日期、销售情况等大量数据，这就需要进行大批量重复信息的输入工作。

这些数据通过人工输入计算机是不现实的，通常是通过扫码机“扫入”数据并将其输入 Excel 工作表中。本实例模拟人工输入数据，将键盘输入的数据通过程序输入工作表中。至于如何将扫码机获得的数据转化为键盘数据我们略过。

本实例将实现由键盘输入一组（3 个）数据（农夫山泉 瓶 1.6），数据之间以空格间隔，经转换后以列表的方式输出。

（2）创建新的工作簿和工作表。在上述（1）的基础上创建新的工作簿，并以当前日期为名字创建新的工作表。

代码如下：

```
import xlwings as xw
import datetime as dt
app=xw.App(visible=True,add_book=False)
wobo=app.books.add()                          #创建新的工作簿

day=dt.datetime.now().day                     #创建时间的日期
month=dt.datetime.now().month                 #创建时间的月份
timestr=str(month)+"月"+str(day)+"日"

wobo.sheets.add(timestr)                      #创建新的工作表
wobo.save(r"d:\abc\242.xls")                  #保存文件
wobo.close()                                  #关闭工作簿
app.quit()                                    #退出工作簿
```

运行结果如图 2-4-1 所示。

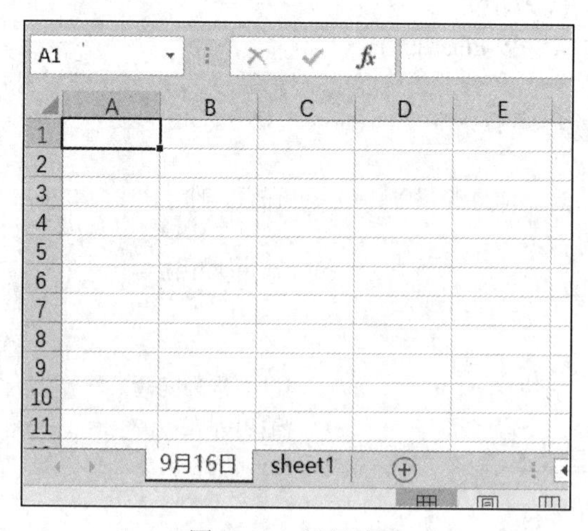

图 2-4-1 运行结果

说明：上述代码创建一个新的工作簿及工作表。这里我们以系统时间作为新建工作表的名字，将工作簿以 242.xls 为名进行保存。

（3）设置工作表格式。在上述（2）的基础上对新创建的工作表进行格式设定。

代码如下：

```
import xlwings as xw
import datetime as dt
app=xw.App(visible=True,add_book=False)
wobo=app.books.add()                    #创建新的工作簿

day=dt.datetime.now().day               #创建时间的日期
month=dt.datetime.now().month           #创建时间的月份
ts=str(month)+"月"+str(day)+"日"

she=wobo.sheets.add(ts)                 #创建新的工作表

#def style():                           #设定工作表的格式
fw1=she.range("A1:D1")                  #设定范围
fw1.api.Merge()                         #合并第一行单元格
fw1.value="商品营销记录"
fw1.api.Font.Size=25
fw1.api.HorizontalAlignment=-4108       #设置居中
fw1.row_height=38.25

fw2=she.range("A2:D2")
fw2.value=["品名","单价","数量","总价"]
fw2.api.HorizontalAlignment=-4108
fw2.api.Font.Bold=True

fw3=she.range("A2:D100")                #设置边界线
fw3.api.Borders(11).LineStyle=1         #设置内部边框（垂直）
fw3.api.Borders(11).Weight=2
fw3.api.Borders(12).LineStyle=1         #设置内部边框（水平）
fw3.api.Borders(12).Weight=2

wobo.save(r"d:\abc\243.xls")            #保存文件
wobo.close()                            #关闭工作簿
app.quit()                              #退出工作簿
```

运行结果如图 2-4-2 所示。

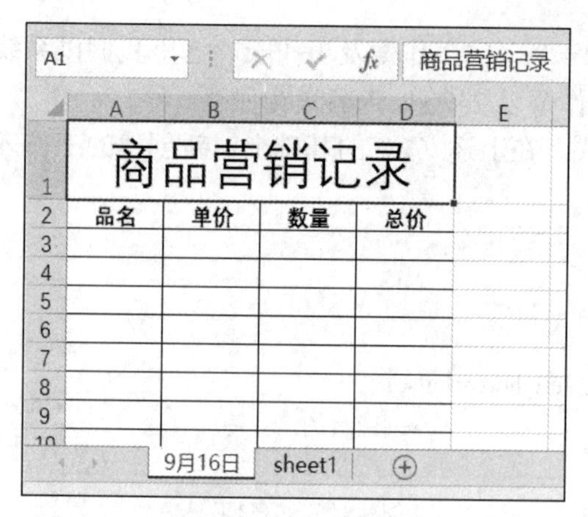

图 2-4-2 运行结果

说明：上述对所建立的工作表进行格式设定，其中包括合并单元格、设置数据居中、设置字体大小、设定表格边框线等，最后以 243.xls 为名对工作簿进行保存。

（4）向工作表中添加数据。在上述（3）的基础上，将由键盘输入的数据（界面如下所示）添加到工作表中，并将工作簿以 244.xls 为名进行保存。

输入数据界面如下：

```
====================
请输入产品信息
例如：怡宝 1.6 100
结束时输入ok并按Enter键
请输入数据：农夫山泉 1.6 70
====================
请输入数据：屈臣氏 2.5 70
====================
请输入数据：加多宝 5.5 30
====================
请输入数据：ok
```

代码如下：

```
import xlwings as xw
import datetime as dt
app=xw.App(visible=True,add_book=False)
wobo=app.books.add()                          #创建新的工作簿

day=dt.datetime.now().day                     #创建时间的日期
month=dt.datetime.now().month                 #创建时间的月份
ts=str(month)+"月"+str(day)+"日"

she=wobo.sheets.add(ts)                       #创建新的工作表

##############

def Style():                                  #设定工作表的格式
```

```
    fw1=she.range("A1:D1")                         #设定范围
    fw1.api.Merge()                                #合并第一行单元格
    fw1.value="超市营销记录"
    fw1.api.Font.Size=25
    fw1.api.HorizontalAlignment=-4108              #设置居中
    fw1.row_height=38.25

    fw2=she.range("A2:D2")
    fw2.value=["品名","单价","数量","总价"]
    fw2.api.HorizontalAlignment=-4108
    fw2.api.Font.Bold=True

    fw3=she.range("A2:D100")                       #设置边界线
    fw3.api.Borders(11).LineStyle=1                #设置内部边框(垂直)
    fw3.api.Borders(11).Weight=2
    fw3.api.Borders(12).LineStyle=1                #设置内部边框(水平)
    fw3.api.Borders(12).Weight=2

Style()

########
def inputdata(m):                                  #接收键盘数据写入工作表
    for i in range(3,100):
        str1="A"+str(i)
        str2="D"+str(i)
        if she.range(str1).value==None:
            she.range(str1).value=strlist          #写入数据
            she.range(str2).value=float(strlist[1])*int(strlist[2])
            she.range(str1+":"+str2).api.HorizontalAlignment=-4108
            break
        else:
            continue
###########
flag=True
print(""*20,'====================')
print(""*20,"请输入产品信息")                      #提示信息
print(""*20,"例如：怡宝  1.6 100")
print(""*20,"结束时输入 ok 并按 Enter 键")
while flag:                                        #死循环
    str3=input(""*21+"请输入数据：")
    if str3=="ok":
        wobo.save(r"d:\abc\244.xls")              #保存文件
        wobo.close()                               #关闭工作簿
        app.quit()                                 #退出工作簿
        flag=False
    else:
```

```
        strlist=str3.split("")          #以空格为间隔，转换为列表
        inputdata(strlist)              #调用自定义函数，将列表数据输入
        print(""*20,'====================')
```

运行结果如图 2-4-3 所示。

A1 超市营销记录

	A	B	C	D
1	超市营销记录			
2	品名	单价	数量	总价
3	农夫山泉	1.6	70	112
4	屈臣氏	2.5	70	175
5	加多宝	5.5	30	165

9月16日 sheet1

图 2-4-3 运行结果

说明：结合前 3 步，通过获取用户输入数据、创建新的工作簿和工作表、设置工作表格式、向工作表中添加数据等一系列工作，最终完成“超市营销记录”的数据输入和保存。

2.4.2 在工作表中筛选数据

实例 38：打开工作簿“人员名单.xlsx”以及其中的工作表（12 个），筛选出地区为“广东省”的所有人员信息并将其保存在新的工作表“广东省”中，将工作簿以“245.xls”为名进行保存。“人员名单.xlsx”中的工作表内容如图 2-4-4 所示。

A1 姓名

	A	B	C	D	E
1	姓名	级别	学历	薪资	地区
2	陈阳	3	硕士	13895	北京市
3	李雪熙	3	硕士	12829	山东省
4	赵林	1	本科	18837	吉林省
5	赵纯	6	硕士	17899	安徽省
6	赵婷婷	2	硕士	9065	江西省
7	冯赛	6	硕士	28018	天津市
8	赵纯	5	本科	13906	西藏自治区
9	李林琳	7	硕士	24656	台湾省
10	赵丽	10	硕士	20724	重庆市
11	李克	7	硕士	16546	甘肃省

战略部 科技创新部 人力资源部 财务部 后勤部 运营部 法务部

图 2-4-4 工作表内容

代码如下：

```
import xlwings as xw
app=xw.App(visible=True,add_book=False)
wobo=app.books.open(r"d:\abc\人员名单.xlsx")
shtlist=wobo.sheets                                    #获取所有工作表
```

```
gds=wobo.sheets.add("广东省")                    #新增工作表
vlist=[]                                         #建立新列表

def readr(ex):                                   #将符合条件的记录添加到新列表中
    for i in range(2,100):
        str1="E"+str(i)
        str2="A"+str(i)+":"+"E"+str(i)           #一整行
        str3=ex.range(str1).value
        if str3=="广东省":
            strrow=ex.range(str2).value
            vlist.append(strrow)                 #追加到空列表中

for ex in shtlist:
    readr(ex)

gds.range("A1:E1").value=["姓名","级别","学历","薪资","地区"]

flag=1
for i in vlist:
    flag+=1
    str_sheet1="A"+str(flag)+":"+"E"+str(flag)
    gds.range(str_sheet1).value=i


wobo.save(r"d:\abc\245.xls")                     #保存文件
wobo.close()                                     #关闭工作簿
app.quit()                                       #退出工作簿
```

运行结果如图 2-4-5 所示。

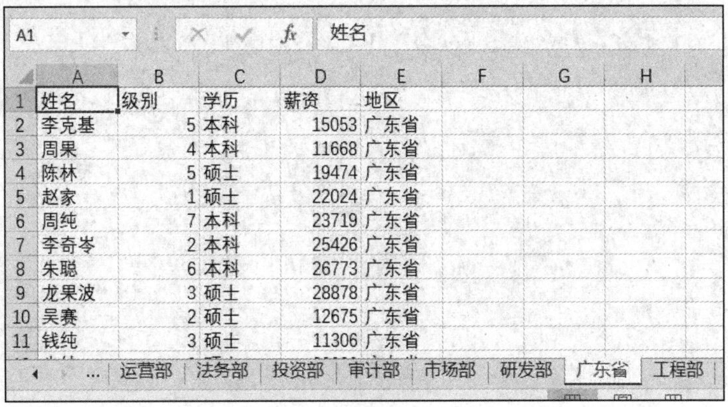

A1 姓名

	A	B	C	D	E	F	G	H
1	姓名	级别	学历	薪资	地区			
2	李克基	5	本科	15053	广东省			
3	周果	4	本科	11668	广东省			
4	陈林	5	硕士	19474	广东省			
5	赵家	1	硕士	22024	广东省			
6	周纯	7	本科	23719	广东省			
7	李奇岑	2	本科	25426	广东省			
8	朱聪	6	本科	26773	广东省			
9	龙果波	3	硕士	28878	广东省			
10	吴赛	2	硕士	12675	广东省			
11	钱纯	3	硕士	11306	广东省			

... 运营部 | 法务部 | 投资部 | 审计部 | 市场部 | 研发部 | 广东省 | 工程部

图 2-4-5 运行结果

说明：数据输入仅仅是前期工作，数据处理才是工作的重点。本实例在多个工作表中筛选出符合条件（地区为“广东省”）的数据，并建立新的工作表“广东省”，同时将筛选好的数据放入新工作表中。

2.4.3 Python 文件打包输出

实例 39：将实例 38 所产生的程序打包输出。

（1）创建文件夹。在桌面上建立文件夹，将实例 38 中的 245.py 文件和 pyinstaller.exe 文件放入其中，如图 2-4-6 所示。

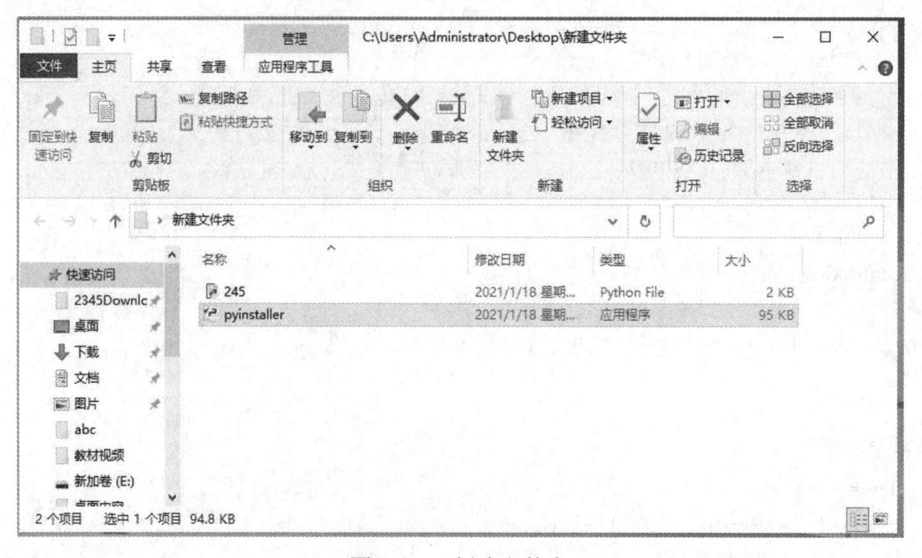

图 2-4-6 创建文件夹

（2）进入命令窗口。在资源管理器的地址栏中输入 cmd 并按 Enter 键，进入如图 2-4-7 所示的命令窗口。

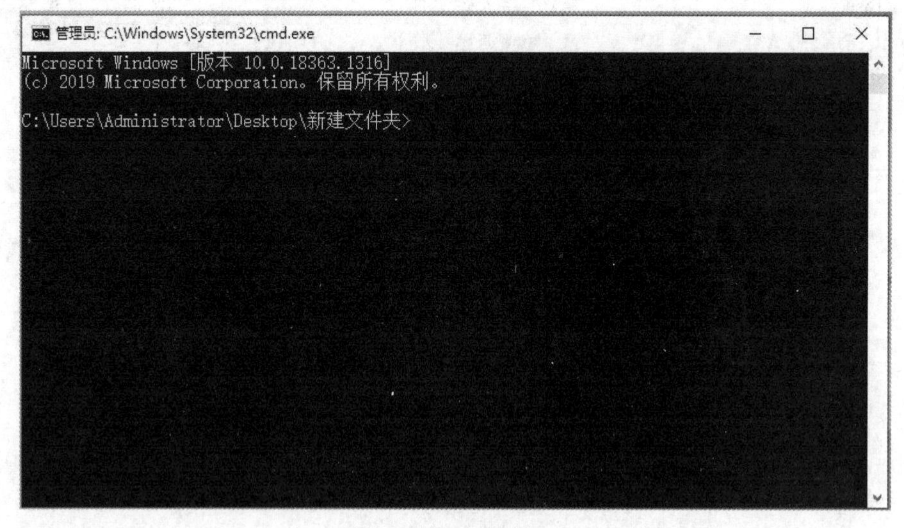

图 2-4-7 命令窗口

（3）输入命令。在命令（cmd）窗口中输入 pyinstaller - F 245.py 并按 Enter 键，如图 2-4-8 所示。

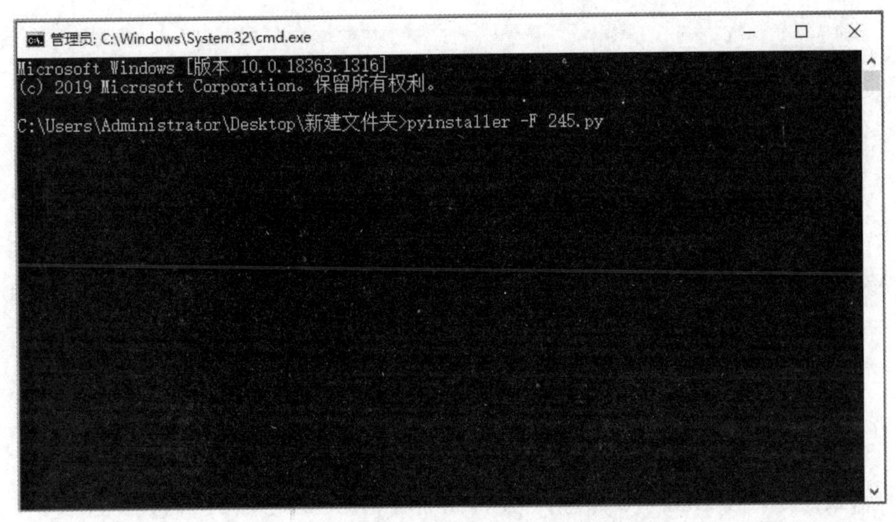

图 2-4-8　输入命令

（4）显示结果。在新生成的文件夹 dist 中出现的可执行文件 245.exe 即是打包好的文件，如图 2-4-9 所示。

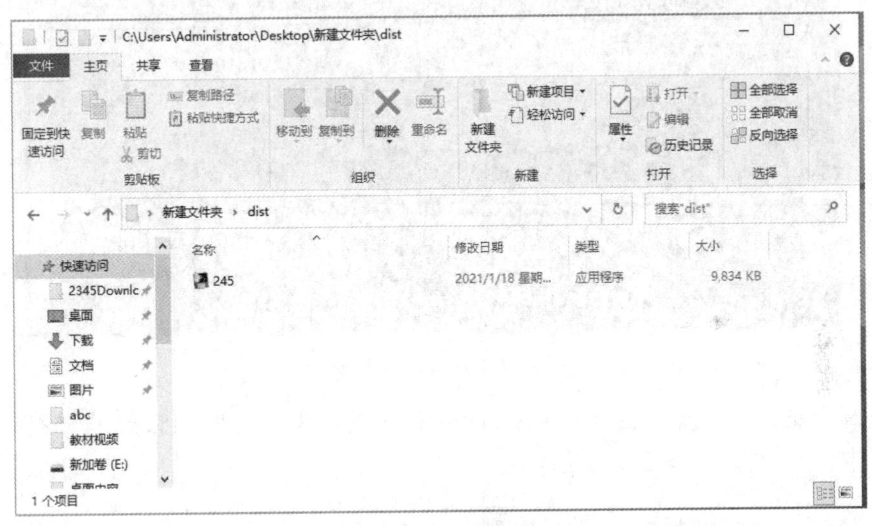

图 2-4-9　结果显示

说明：Python 文件的运行环境是需要安装 Python 系统的。如果希望 Python 文件能够脱离系统的限制独立运行，就需要将源程序打包生成可执行文件（.exe 文件）。本实例需要用到 pyinstaller.exe 文件（该文件所在位置为 Python\Python37\Scripts），若计算机中不存在这个文件可自行安装。安装方式为在命令窗口执行命令 pip install pyinstaller。

2.4.4　设置文件的图标

实例 40：将实例 38 中生成的 245.py 文件打包并为其设置新的图标。

（1）添加图标。将一个图标文件 xm.ico 放入 245.py 所在的文件夹中（ico 文件可以在网站中生成），如图 2-4-10 所示。

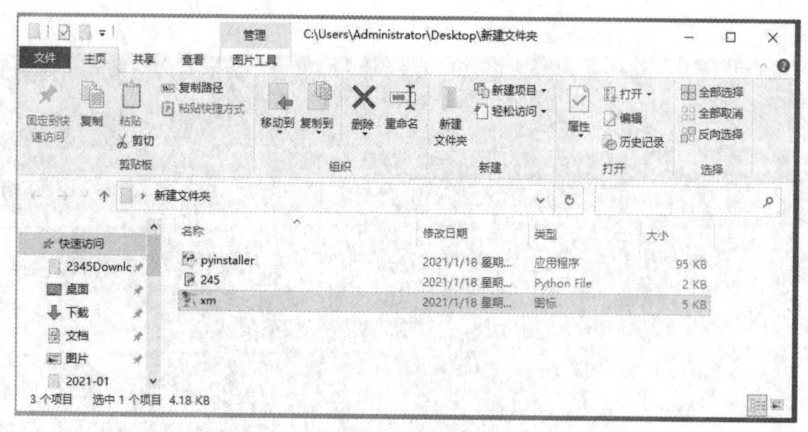

图 2-4-10 添加图标文件

（2）输入命令。在 cmd 窗口中输入 pyinstaller -F -i xm.ico 245.py 并按 Enter 键，如图 2-4-11 所示。

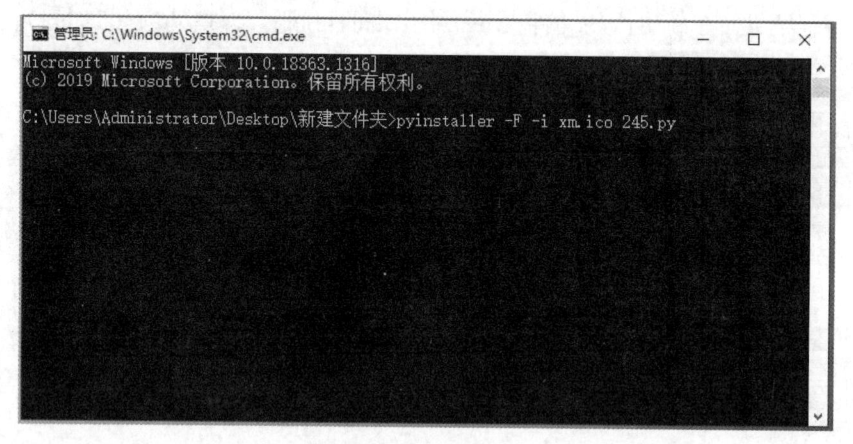

图 2-4-11 输入命令

（3）显示结果。在新生成的文件夹 dist 中出现的可执行文件 245.exe 即是打包好的带有上述文件图标的文件，如图 2-4-12 所示。

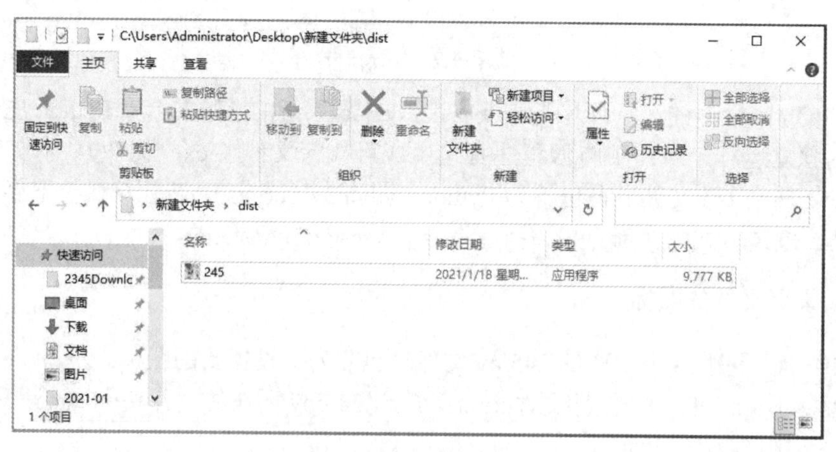

图 2-4-12 结果显示

说明：为了将所建立的打包文件进行个性化设置，可以为文件设置自己喜欢的图标。

2.4.5　为目标设置超链接

实例 41：打开文件“饮料销售情况.xls”，在 sheet1 工作表的 B12 单元格中设置超链接，链接地址为 www.baidu.com，链接名称为“百度”，链接说明为“链接到百度”。

代码如下：

```
import xlwings as xw
app=xw.App(visible=True,add_book=False)
wobo=app.books.open(r"d:\abc\饮料销售情况.xls")
sht=wobo.sheets[0]
fw=sht.range("B12")
fw.add_hyperlink("www.baidu.com","百度","链接到百度")

wobo.save(r"d:\abc\248.xls")              #保存文件
wobo.close()                              #关闭工作簿
app.quit()                                #退出工作簿
```

运行结果如图 2-4-13 所示。

A1　品名

	A	B	C	D	E	F
1	品名	单位	单价	容量	数量	总价
2	怡宝	瓶	1.6	350ml	50	
3	农夫山泉	瓶	1.6	380ml	50	
4	屈臣氏	瓶	2.5	400ml	50	
5	加多宝	瓶	5.5	500ml	30	
6	可口可乐	瓶	2.8	330ml	40	
7	椰树椰汁	听	4.6	245ml	60	
8	美汁源	瓶	4	330ml	60	
9	雪碧	听	2.9	330ml	60	
10	红牛饮料	听	6.9	250ml	30	
11						
12		百度				
13						

sheet1　Sheet2

图 2-4-13　运行结果

说明：超链接是指从一个网页指向一个目标的链接关系。这个目标可以是另一个网页，也可以是相同网页上的不同位置，还可以是一个图片或其他内容。当用户单击已经设置了链接的文字或图片后，链接目标将显示在浏览器上，并且系统将根据目标的类型进行相应操作（打开文件或运行程序）。

设置超链接也是 Python 的功能之一。本实例设置完成之后，单击 B12 单元格中的“百度”即可打开百度网址。

2.5 本章总结

在本章中，通过创建工作簿、工作表，对数据的输入、修改、删除、计算，对行、列、范围的精准获取，对样式的设置（包括字体、字号、边框、颜色、背景色），对文件的打包输出，设置图标，建立超链接等操作，完整全面地讲解了 Python 语言操控 Excel 的所有过程。通过本章的学习，读者可以对 Python 与 Excel 的结合建立一个整体框架，改变原有思维，以全新的视角走进一个全新的世界，充分体会数据处理之美。

为便于读者记忆和学习，对本章中涉及的各种 Python 语法和命令进行了整理，具体见表 2-5-1。

表 2-5-1 Python 语法和命令

功能	语法和命令
xlwings 库安装	pip install xlwings
启动 app 应用	app=xw.App(visible=True,add_book=False)
打开源工作簿	wobo=app.books.open(r"d:\abc\饮料销售情况.xls")
创建新工作簿	wobo=app.books.add()
保存工作簿	保存：wobo.save()
	另存为：wobo.save("d:\abc\饮料销售情况.xls")
关闭工作簿（同时关闭所有工作表）	wobo.close()
退出工作簿	wobo.quit()
获取所有工作表	sht=wobo.sheets
打开源工作表	方式 1：工作表名称，sht=wobo.sheets["sheet1"] 方式 2：工作表下标，sht=wobo.sheets["sheets"]
激活活动表格	st.activate()
清除表格的内容	sht.clear_contents()
删除表格的内容及清除格式	sht.clear
删除表格	sht.delete()
获取表格范围	fw=sheet.range(范围字符串)
	范围字符串样例："A1"或"A1:H5"
超链接	添加超链接：fw.add_hyperlink(网址.显示名称.提示)
	设定超链接：fw.hyperlink=www.baidu.com
获取范围地址	get_address()
删除内容	fw.clear_contents()
清除格式并删除内容	fw.clear()
获取背景颜色	fw.color
给获取的颜色赋值：元组值	fw.color=(234,33,56)

续表

功能	语法和命令
columu 列所表示的意义	columu 返回所在的列标
	columus 返回指定范围的首列列标
	取值属性：fw.columns[下标]
	长度属性：len(fg.columns)
	column_width 用于返回/设置某列的列宽，如 fw.column_width=50
row 行所表示的意义	row 返回所在的行标
	rows 返回指定范围的首行行标
	取值属性：fw.rows[下标]
	长度属性：len(fg.rows)
	row.height 用于返回/设置某单行的行高（不能用于多行），如 fw.row_height=50
自动调整行高列宽	fw.autofit

第 3 章　Python 办公自动化之 pandas 库

在数据分析与处理过程中，首要问题就是对于数据源的承载。承载数据源有多种方式，本书中主要采用 Excel 电子表格文件进行数据源的承载。对于 Excel 电子表格的手工操作，主要就是文件的创建、文件的打开、文件的保存这三大主要操作方式。对于 Excel 电子表格的具体操作包括：数据计算、函数填充、数据排序、数据筛选、数据分类汇总等。对于少量数据而言，Excel 电子表格无疑给工作带来了很大的便利，但对于大数据处理分析而言，手工操作显然难以满足需要，因此，用程序控制 Excel 电子表格，摆脱手工操作就成为了工作的首选。本章以 Python 语言为基础，以程序控制 Excel 电子表格为目的，详细介绍如何使数据处理自动化，摆脱手工操作 Excel 电子表格方式，发挥 Python 语言的强大功能，为数据分析与处理提供一种简单实用的方法。

本章主要使用 pandas 第三方库进行讲解。pandas 库是目前比较流行的第三方库，相比 xlrd 库、xlwt 库而言，pandas 库更先进，具有更多功能。在数据可视化处理方面，pandas 库是应用最多的第三方库。

pandas 库是基于 numpy 的一种工具，是为了完成数据分析任务而创建的。pandas 库纳入了大量其他库和一些标准的数据模型，提供了高效操作大型数据集所需的工具。pandas 库提供了大量可快速便捷地处理数据的函数和方法，它是使 Python 成为强大而高效的数据分析工具的重要因素之一。

本章学习的内容包括：pandas 库的基本操作，数据分析统计，csv、tsv、txt 文件与 Excel 文件的区别及联系，有关工作表中行和列的操作。

3.1　基本操作

对于 Excel 电子表格而言，创建文件是工作的第一步，也是使用 Excel 电子表格最先接触的部分，通过 Python 语言编写程序进行控制（代替手工操作）是自动化的开始。

在对 Excel 表格进行统计时，有时需要统计共有多少行或多少列的情况，但有时由于数据量十分庞大，一个一个地数既费时间又容易失误，如何利用 Python 来自动获取工作表中的行数和列数，不仅在工作中具有实际的意义，同时也是程序编写过程中必备的一环。

利用 Python 提取 Excel 文件中有意义的数据内容是很实用的应用。这样不仅有利于在浩瀚的数据海洋中提取需要关注的内容，同时也可以减少机器设备做过多无谓的运行，加快程序的运行速率。

本章具体内容主要包括：创建文件（无数据的工作簿）、创建文件（有数据的工作簿）、创建文件（带索引的工作簿）、判断工作表中数据内容的行数和列数、显示工作表中数据的部分内容、在工作表中添加数据、对工作表中的数据进行计算、填充日期序列、填充年份序列、填充月份序列、函数填充（求和）和函数填充（计算平均值）。

3.1.1　创建文件（无数据的工作簿）

实例 01：在 D:盘 abc 文件夹下创建一个空的工作簿，并将其命名为“311.xlsx”。

代码如下：

```
import pandas as pd                #调用库
df=pd.DataFrame()                  #创建空的 Excel 表格
df.to_excel('d:/abc/311.xlsx')     #保存位置
```

运行结果如图 3-1-1 所示。

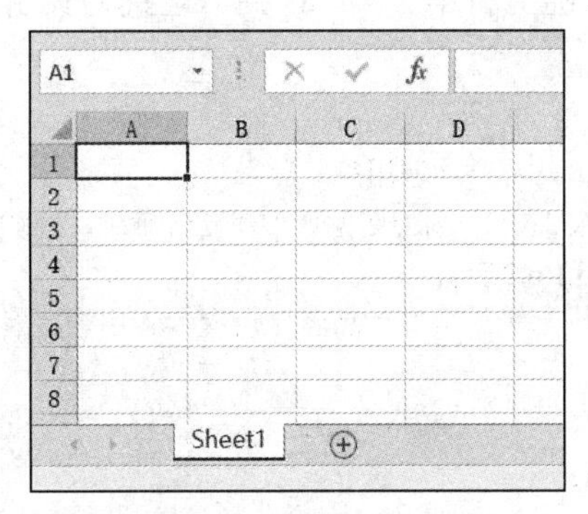

图 3-1-1　运行结果

说明：本实例需要在 D:盘创建一个名为 abc 的文件夹（用来存放所创建的文件）并完成相应第三方库的安装。

3.1.2　创建文件（有数据的工作簿）

实例 02：在 D:盘 abc 文件夹下创建一个有内容的工作簿，并将其以“312.xlsx”为名进行保存。

代码如下：

```
import pandas as pd                          #调用库
df=pd.DataFrame({'品名':['怡宝','农夫山泉','屈臣氏'],'单位':['瓶','瓶','瓶'],\
                 '单价':[1.6,1.6,2.5]})
df.to_excel('d:/abc/312.xlsx')      #保存位置
```

运行结果如图 3-1-2 所示。

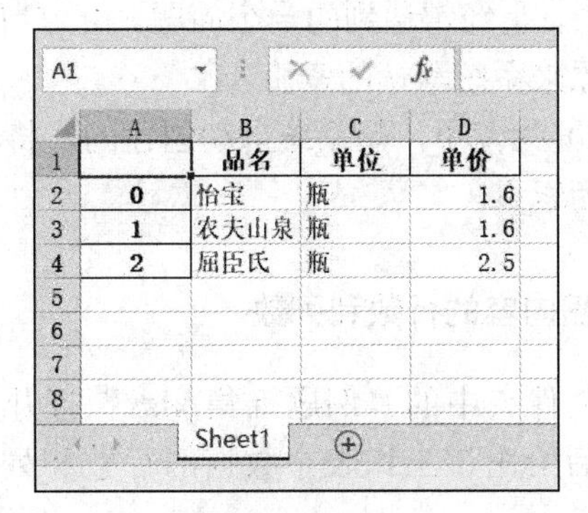

	A	B	C	D
1		品名	单位	单价
2	0	怡宝	瓶	1.6
3	1	农夫山泉	瓶	1.6
4	2	屈臣氏	瓶	2.5

图 3-1-2　运行结果

说明：对于创建有数据的 Excel 电子表格，不仅要创建新的 Excel 电子表格（空表格），还需要将相应的数据写入其中。由于通常数据量比较大，因此字典就成为编写程序中不可忽视的组成部分。

本实例以字典的方式写入数据。这里特别需要注意数据类型，即字符型数据与数值型数据的区别。程序中的“\”表示连接，当程序行内容过长，需分两行进行书写时，“\”表示前后两行的内容为一行。

3.1.3 创建文件（带索引的工作簿）

实例 03：在实例 02 的基础上将第 2 列（B 列）设置为索引，并将创建的工作簿命令为“313.xlsx”。

代码如下：

```
import pandas as pd                              #调用库
df=pd.DataFrame({'品名':['怡宝','农夫山泉','屈臣氏'],'单位':['瓶','瓶','瓶'],\
                 '单价':[1.6,1.6,2.5]})
df=df.set_index('品名')                          #将“品名”设置为索引

df.to_excel('d:/abc/313.xlsx')                   #保存位置
```

运行结果如图 3-1-3 所示。

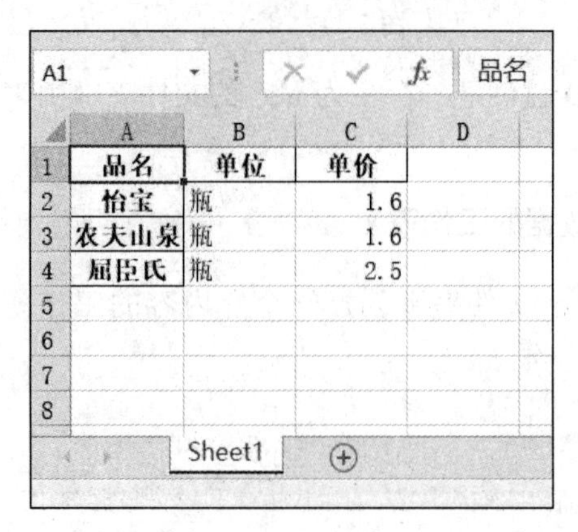

	A	B	C	D
1	品名	单位	单价	
2	怡宝	瓶	1.6	
3	农夫山泉	瓶	1.6	
4	屈臣氏	瓶	2.5	
5				
6				
7				
8				

图 3-1-3 运行结果

说明：通过 Python 语言创建 Excel 工作表时，系统默认是带有索引（index）的。如何改变索引并同时取消原来的索引，是经常遇到的一个问题。由于当前索引只能有一个，所以建立一个新的索引等同于取消了原来系统默认的索引。

实例 02 中第 1 列（A 列）为索引，是系统自动创建的。将第 2 列（B 列）设置为索引之后，就自动取消了第 1 列作为索引。

3.1.4 判断工作表中数据内容的行数和列数

实例 04：将 D:盘 abc 文件夹中的“例题锦集.xlsx”打开，并打开其中的“饮料全表”工作表，然后给出该工作表中数据的行数和列数，标题及其内容。

代码如下：

```
import pandas as pd              #调用库

pe=pd.read_excel('d:/abc/例题锦集.xlsx',sheet_name='饮料全表')

print(pe.shape)                  #显示总行数及总列数
print(pe.columns)                #显示行的名称

print(pe.head())                 #显示其内容
```

运行结果如下：

```
(9, 6)
Index(['品名', '单位', '单价', '容量', '数量', '总价'], dtype='object')
     品名 单位   单价     容量   数量   总价
0    怡宝  瓶  1.6  350ml  100   80
1  农夫山泉  瓶  1.6  380ml   70   80
2   屈臣氏  瓶  2.5  400ml   50  125
3   加多宝  瓶  5.5  500ml   30  165
4  可口可乐  瓶  2.8  330ml   60  112
>>> |
```

说明：依靠人工观察 Excel 工作表中的数据有多少行和多少列是不现实的，这些具体的数据应该由程序自动获取。本实例通过程序自动获取工作表中的行数和列数。上述代码中的 head() 函数默认给出前 5 行数据。

3.1.5　显示工作表中的部分数据内容

实例 05：将 D:盘 abc 文件夹中的“例题锦集.xlsx”打开，并打开其中的“饮料全表”工作表，显示其中的前 2 行及最后 3 行数据内容。

代码如下：

```
import pandas as pd              #调用库

pe=pd.read_excel('d:/abc/例题锦集.xlsx',sheet_name='饮料全表')

print(pe.head(2))                #显示前 2 行内容
print('===========================')
print(pe.tail(3))                #显示后 3 行内容
```

运行结果如下：

```
     品名 单位   单价     容量   数量  总价
0    怡宝  瓶  1.6  350ml  100  80
1  农夫山泉  瓶  1.6  380ml   70  80
=========================
     品名 单位   单价     容量  数量   总价
6   美汁源  瓶  4.0  330ml  50  240
7    雪碧  听  2.9  330ml  50  174
8  红牛饮料  听  6.9  250ml  60  207
>>> |
```

说明：对于 Excel 工作表中庞大的数据，有时并非全部数据都是需要的，提取其中有用的数据部分是很实用的应用。这样不仅有利于在浩瀚的数据海洋中提取需要关注的内容，同时也可以减少机器设备做过多无谓的运行，加快程序的运行速率。本实例中的 tail()函数默认给出后 5 行数据。

3.1.6 在工作表中添加数据

实例 06：在 D:盘 abc 文件夹中创建名为“316.xlsx”的工作簿，并将数据（参见图 3-1-4）输入其工作表 data 中。

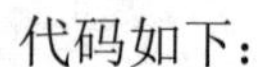

代码如下：

```
from xlwt import *
file=Workbook()                              #创建工作簿
table=file.add_sheet('data')                 #创建工作表

xsqk={"品名":["单位","单价","容量","数量","总价"],
"怡宝":["瓶",1.6,"350ml",50],
"农夫山泉":["瓶",1.6,"380ml",50],
"屈臣氏":["瓶",2.5,"400ml",50],
"加多宝":["瓶",5.5,"500ml",30],
"可口可乐":["瓶",2.8,"330ml",40],
"椰树椰汁":["听",4.6,"245ml",60],
"美汁源":["瓶",4,"330ml",60],
"雪碧":["听",2.9,"330ml",60],
"红牛饮料":["听",6.9,"250ml",30]}

num=[]
for a in xsqk:                          #取出 key 存入列表 num 中
  num.append(a)

ldata=[]
for x in num:                           #将字典中的 key 和 value 分批保存到列表中
  t=[(x)]
  for a in xsqk[x]:
      t.append(a)
  ldata.append(t)                       #将 key 和 value 存入列表 ldata 中

for i,p in enumerate(ldata):            #写入文件
  for j,q in enumerate(p):
      table.write(i,j,q)

file.save('d:\\abc\\316.xlsx')          #保存文件
```

运行结果如图 3-1-4 所示。

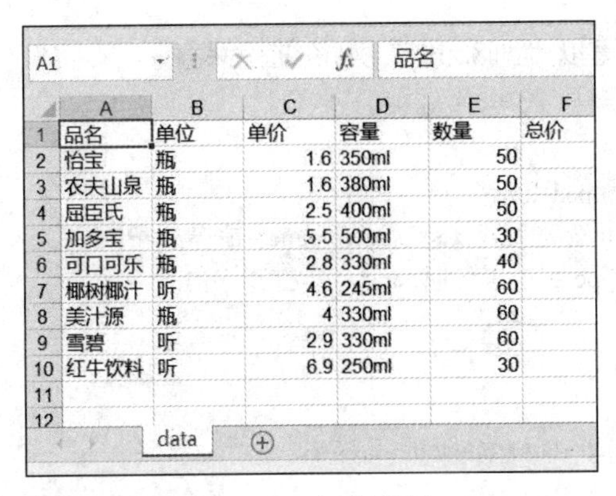

	A	B	C	D	E	F
1	品名	单位	单价	容量	数量	总价
2	怡宝	瓶	1.6	350ml	50	
3	农夫山泉	瓶	1.6	380ml	50	
4	屈臣氏	瓶	2.5	400ml	50	
5	加多宝	瓶	5.5	500ml	30	
6	可口可乐	瓶	2.8	330ml	40	
7	椰树椰汁	听	4.6	245ml	60	
8	美汁源	瓶	4	330ml	60	
9	雪碧	听	2.9	330ml	60	
10	红牛饮料	听	6.9	250ml	30	

图 3-1-4　运行结果

说明：本实例中 enumerate()函数用来遍历列表，并给出数据和数据下标。

3.1.7　对工作表中的数据进行计算

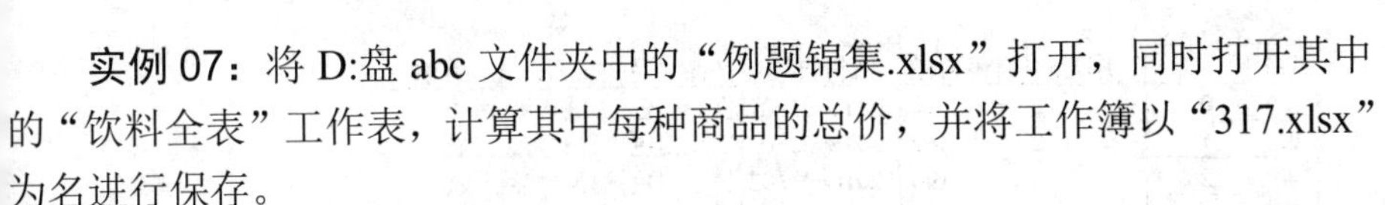

实例 07：将 D:盘 abc 文件夹中的“例题锦集.xlsx”打开，同时打开其中的“饮料全表”工作表，计算其中每种商品的总价，并将工作簿以“317.xlsx”为名进行保存。

代码如下：

```
import pandas as pd
books=pd.read_excel('d:/abc/例题锦集.xlsx',sheet_name='饮料全表')
books['总价']=books['单价']*books['数量']      #计算

books.to_excel('d:/abc/317.xlsx')                #保存位置
```

运行结果如图 3-1-5 所示。

	A	B	C	D	E	F	G
1		品名	单位	单价	容量	数量	总价
2	0	怡宝	瓶	1.6	350ml	100	160
3	1	农夫山泉	瓶	1.6	380ml	70	112
4	2	屈臣氏	瓶	2.5	400ml	50	125
5	3	加多宝	瓶	5.5	500ml	30	165
6	4	可口可乐	瓶	2.8	330ml	60	168
7	5	椰树椰汁	听	4.6	245ml	60	276
8	6	美汁源	瓶	4	330ml	50	200
9	7	雪碧	听	2.9	330ml	50	145
10	8	红牛饮料	听	6.9	250ml	60	414

图 3-1-5　运行结果

3.1.8　填充日期序列

实例 08：将 D:盘 abc 文件夹中的“例题锦集.xlsx”打开，同时打开其中的“销售报表”工作表，将其中的“销售日期”数据从 2018-01-01 开始填充，步

长设为一天，最后将工作簿以“318.xlsx”为名进行保存。

代码如下：

```
import pandas as pd
from datetime import date,timedelta
books=pd.read_excel('d:/abc/例题锦集.xlsx',sheet_name='销售报表',\
                    dtype={'销售日期':str})     #打开工作簿

start=date(2018,1,1)
for i in books.index:
    books["销售日期"].at[i]=start+timedelta(days=i)

books.to_excel('d:/abc/318.xlsx')                  #保存位置
```

运行结果如图 3-1-6 所示。

	A	B	C	D	E	F	G
1		序号	销售数量	销售日期	产品名称	品名	类别
2	0	1	398	2018-01-01	女士黑色	加绒长裤	裤子
3	1	2	499	2018-01-02	男士白色	长袖衬衫	上衣
4	2	3	498	2018-01-03	男士黑色	短袖衬衫	上衣
5	3	4	299	2018-01-04	男士黑色	休闲短裤	裤子
6	4	5	198	2018-01-05	女士白色	遮阳帽	帽子
7	5	6	550	2018-01-06	男士蓝色	运动网鞋	鞋类
8	6	7	299	2018-01-07	女士红色	轻薄防晒	上衣
9	7	8	198	2018-01-08	女士白色	休闲长裤	裤子
10	8	9	330	2018-01-09	男士藏蓝	短款T恤	上衣
11	9	10	599	2018-01-10	女士粉色	气垫运动	鞋类
12	10	11	398	2018-01-11	男士蓝色	双肩背包	背包
13	11	12	298	2018-01-12	男士灰色	爆款短裤	裤子
14	12	13	199	2018-01-13	女士黑色	遮阳圆形	帽子
15	13	14	498	2018-01-14	女士白色	休闲板鞋	鞋类
16	14	15	699	2018-01-15	男士皮面	加绒夹克	上衣
17	15	16	298	2018-01-16	男士蓝色	牛仔长裤	裤子
18	16	17	498	2018-01-17	男士棕色	长款风衣	上衣
19	17	18	399	2018-01-18	女士白色	斜跨多功	背包
20	18	19	198	2018-01-19	女士粉色	短袖T恤	上衣
21	19	20	299	2018-01-20	男士公文	电脑包	背包

图 3-1-6　运行结果

说明：日期分为 3 个主要部分，分别为年、月、日。本实例主要讲述日期的填充方式，其中 datetime.timedelta 对象代表两个时间的时间差。

3.1.9　填充年份序列

实例 09：将 D:盘 abc 文件夹中的“例题锦集.xlsx”打开，同时打开其中的“销售报表”工作表，将其中所有的“销售日期”数据从 2018-01-01 开始填充，步长设为一年，最后将工作簿以“319.xlsx”为名进行保存。

代码如下：

```
import pandas as pd
from datetime import date,timedelta
```

```
books=pd.read_excel('d:/abc/例题锦集.xlsx',sheet_name='销售报表',\
                    dtype={'销售日期':str})      #打开工作簿

start=date(2018,1,1)
for i in books.index:
    books["销售日期"].at[i]=date(start.year+i,start.month,start.day)

books.to_excel('d:/abc/319.xlsx')                  #保存位置
```

运行结果如图 3-1-7 所示。

	A	B	C	D	E	F	G
1		序号	销售数量	销售日期	产品名称	品名	类别
2	0	1	398	2018-01-01	女士黑色	加绒长裤	裤子
3	1	2	499	2019-01-01	男士白色	长袖衬衫	上衣
4	2	3	498	2020-01-01	男士黑色	短袖衬衫	上衣
5	3	4	299	2021-01-01	男士黑色	休闲短裤	裤子
6	4	5	198	2022-01-01	女士白色	遮阳帽	帽子
7	5	6	550	2023-01-01	男士蓝色	运动网鞋	鞋类
8	6	7	299	2024-01-01	女士红色	轻薄防晒	上衣
9	7	8	198	2025-01-01	女士白色	休闲长裤	裤子
10	8	9	330	2026-01-01	男士藏蓝	短款T恤	上衣
11	9	10	599	2027-01-01	女士粉色	气垫运动	鞋类
12	10	11	398	2028-01-01	男士蓝色	双肩背包	背包
13	11	12	298	2029-01-01	男士灰色	爆款短裤	裤子
14	12	13	199	2030-01-01	女士黑色	遮阳圆形	帽子
15	13	14	498	2031-01-01	女士白色	休闲板鞋	鞋类
16	14	15	699	2032-01-01	男士皮面	加绒夹克	上衣
17	15	16	298	2033-01-01	男士蓝色	牛仔长裤	裤子
18	16	17	498	2034-01-01	男士棕色	长款风衣	上衣
19	17	18	399	2035-01-01	女士白色	斜跨多功	背包
20	18	19	198	2036-01-01	女士粉色	短袖T恤	上衣
21	19	20	299	2037-01-01	男士公文	电脑包	背包
22							

图 3-1-7　运行结果

说明：本实例对年份进行填充。

3.1.10　填充月份序列

实例 10：将 D:盘 abc 文件夹中的“例题锦集.xlsx”打开，同时打开其中的“销售报表”工作表，将其中所有的“销售日期”数据从 2018-01-01 开始填充，步长设为一个月，最后将工作簿以“3110.xlsx”为名进行保存。

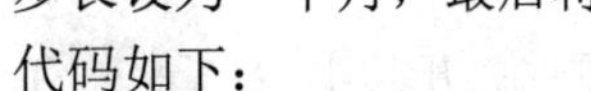

代码如下：

```
import pandas as pd
from datetime import date,timedelta

def mon(d,md):
    yd=md//12
    m=d.month+md%12
    if m!=12:
        yd+=m//12
        m=m%12
```

```
        return date(d.year+yd,m,d.day)

books=pd.read_excel('d:/abc/例题锦集.xlsx',sheet_name='销售报表',\
                        dtype={'销售日期':str})        #打开工作簿


start=date(2018,1,1)
for i in books.index:
        books["销售日期"].at[i]=mon(start,i)


books.to_excel('d:/abc/3110.xlsx')                    #保存位置
```

运行结果如图 3-1-8 所示。

A1

	A	B	C	D	E	F	G
1		序号	销售数量	销售日期	产品名称	品名	类别
2	0	1	398	2018-01-01	女士黑色	加绒长裤	裤子
3	1	2	499	2018-02-01	男士白色	长袖衬衫	上衣
4	2	3	498	2018-03-01	男士黑色	短袖衬衫	上衣
5	3	4	299	2018-04-01	男士黑色	休闲短裤	裤子
6	4	5	198	2018-05-01	女士白色	遮阳帽	帽子
7	5	6	550	2018-06-01	男士蓝色	运动网鞋	鞋类
8	6	7	299	2018-07-01	女士红色	轻薄防晒	上衣
9	7	8	198	2018-08-01	女士白色	休闲长裤	裤子
10	8	9	330	2018-09-01	男士藏蓝	短款T恤	上衣
11	9	10	599	2018-10-01	女士粉色	气垫运动	鞋类
12	10	11	398	2018-11-01	男士蓝色	双肩背包	背包
13	11	12	298	2018-12-01	男士灰色	爆款短裤	裤子
14	12	13	199	2019-01-01	女士黑色	遮阳圆形	帽子
15	13	14	498	2019-02-01	女士白色	休闲板鞋	鞋类
16	14	15	699	2019-03-01	男士皮面	加绒夹克	上衣
17	15	16	298	2019-04-01	男士蓝色	牛仔长裤	裤子
18	16	17	498	2019-05-01	男士棕色	长款风衣	上衣
19	17	18	399	2019-06-01	女士白色	斜跨多功	背包
20	18	19	198	2019-07-01	女士粉色	短袖T恤	上衣
21	19	20	299	2019-08-01	男士公文	电脑包	背包
22							

Sheet1

图 3-1-8 运行结果

说明：本实例对月份进行填充。与年份和日期的填充有所不同，我们需要通过自定义函数实现对月份进行变换。

3.1.11 函数填充（求和）

实例 11：将 D:盘 abc 文件夹中的“例题锦集.xlsx”打开，同时打开其中的“期末成绩”工作表，计算其中每个人的总分，并将工作簿以“3111.xlsx”为名进行保存。

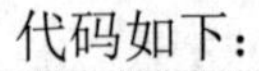

代码如下：

```
import pandas as pd
books=pd.read_excel("d:/abc/例题锦集.xlsx",sheet_name='期末成绩')


temp=books[['语文','数学','英语']]              #提取数据
row_sum=temp.sum(axis=1)                        #计算一行的总分
```

```
books['总分']=row_sum                                   #将总分写入“总分”列

books.to_excel('d:/abc/3111.xlsx')                      #保存位置
```

运行结果如图 3-1-9 所示。

	学号	姓名	语文	数学	英语	总分
0	1	陈阳	95	79	68	242
1	2	李兰	98	84	70	252
2	3	李亮	99	72	72	243
3	4	李熙	82	88	84	254
4	5	刘泽	69	64	91	224
5	6	刘泽	74	75	98	247
6	7	沈清清	79	87	84.5	250.5
7	8	宋珊珊	84	90	71	245
8	9	王嘉勒	89	78	89	256
9	10	王璐璐	94	73	92	259
10	11	王明	99	84	95	278
11	12	王晴晴	79	75.5	80	234.5
12	13	王维	85	98.5	87	270.5
13	14	谢宏文	81	71	97	249
14	15	张华	86	65	74	225
15	16	张健星	72	87	79	238
16	17	张静	94	89	84	267
17	18	张鸣	96	91	89	276
18	19	张文华	88	71	94	253
19	20	赵昭	80	82	99	261

图 3-1-9　运行结果

3.1.12　函数填充（计算平均值）

实例 12：将 D:盘 abc 文件夹中的“例题锦集.xlsx”打开，同时打开其中的“期末成绩”工作表，计算其中每个人各科的平均分，并将工作簿以“3112.xlsx”为名进行保存。

代码如下：

```
import pandas as pd

books=pd.read_excel("d:/abc/例题锦集.xlsx",sheet_name='期末成绩')

temp=books[['语文','数学','英语']]                      #提取数据
row_mean=temp.mean(axis=1)                              #计算一行的平均分
books['平均分']=row_mean                                #将平均分写入“平均分”列

books.to_excel('d:/abc/3112.xlsx')                      #保存位置
```

运行结果如图 3-1-10 所示。

	A	B	C	D	E	F	G	H
1		学号	姓名	语文	数学	英语	平均分	
2	0	1	陈阳	95	79	68	80.66667	
3	1	2	李兰	98	84	70	84	
4	2	3	李亮	99	72	72	81	
5	3	4	李熙	82	88	84	84.66667	
6	4	5	刘泽	69	64	91	74.66667	
7	5	6	刘泽	74	75	98	82.33333	
8	6	7	沈清清	79	87	84.5	83.5	
9	7	8	宋珊珊	84	90	71	81.66667	
10	8	9	王嘉勒	89	78	89	85.33333	
11	9	10	王璐璐	94	73	92	86.33333	
12	10	11	王明	99	84	95	92.66667	
13	11	12	王晴晴	79	75.5	80	78.16667	
14	12	13	王维	85	98.5	87	90.16667	
15	13	14	谢宏文	81	71	97	83	
16	14	15	张华	86	65	74	75	
17	15	16	张健星	72	87	79	79.33333	
18	16	17	张静	94	89	84	89	
19	17	18	张鸣	96	91	89	92	
20	18	19	张文华	88	71	94	84.33333	
21	19	20	赵昭	80	82	99	87	
22								

图 3-1-10 运行结果

说明：本实例中的 mean()函数用于计算平均值。

3.2 数据分析与统计

对数据进行分析与统计是 Excel 电子表格的核心功能。不进行计算，原始数据就只具有存储作用。通过对原始数据进行各种计算得出新的数据，然后通过对数据进行分析与统计才能挖掘出数据中隐含的内容。发现并整理数据中隐含的内容才是进行数据分析与处理的核心目标。

3.2.1 排序（升序排列）

实例 13：将 D:盘 abc 文件夹中的“例题锦集.xlsx”打开，同时打开其中的“饮料全表”工作表，以“单价”为关键字进行排序（升序），并将工作簿以“321.xlsx”为名进行保存。

代码如下：

```
import pandas as pd
books=pd.read_excel('d:/abc/例题锦集.xlsx',sheet_name='饮料全表')
```

```
books.sort_values(by='单价',inplace=True)            #排序

books.to_excel('d:/abc/321.xlsx')                    #保存位置
```

运行结果如图 3-2-1 所示。

	品名	单位	单价	容量	数量	总价
0	怡宝	瓶	1.6	350ml	100	80
1	农夫山泉	瓶	1.6	380ml	70	80
2	屈臣氏	瓶	2.5	400ml	50	125
4	可口可乐	瓶	2.8	330ml	60	112
7	雪碧	听	2.9	330ml	50	174
6	美汁源	瓶	4	330ml	50	240
5	椰树椰汁	听	4.6	245ml	60	276
3	加多宝	瓶	5.5	500ml	30	165
8	红牛饮料	听	6.9	250ml	60	207

图 3-2-1　运行结果

说明：inplace 为 True 时，不创建新的对象，直接对原始对象进行修改；inplace 为 False 时，对数据进行修改，创建并返回新的对象承载修改结果。inplace 默认为 False。

3.2.2　排序（降序排列）

实例 14：将 D:盘 abc 文件夹中的“例题锦集.xlsx”打开，同时打开其中的“饮料全表”工作表，以“单价”为关键字进行排序（降序），并将工作簿以“322.xlsx”为名进行保存。

代码如下：

```
import pandas as pd
books=pd.read_excel('d:/abc/例题锦集.xlsx',sheet_name='饮料全表')
books.sort_values(by='单价',inplace=True,ascending=False)      #排序

books.to_excel('d:/abc/322.xlsx')                              #保存位置
```

运行结果如图 3-2-2 所示。

	品名	单位	单价	容量	数量	总价
8	红牛饮料	听	6.9	250ml	60	207
3	加多宝	瓶	5.5	500ml	30	165
5	椰树椰汁	听	4.6	245ml	60	276
6	美汁源	瓶	4	330ml	50	240
7	雪碧	听	2.9	330ml	50	174
4	可口可乐	瓶	2.8	330ml	60	112
2	屈臣氏	瓶	2.5	400ml	50	125
0	怡宝	瓶	1.6	350ml	100	80
1	农夫山泉	瓶	1.6	380ml	70	80

图 3-2-2　运行结果

说明：ascending 为 True 表示升序排列，为 False 表示降序排列，其默认为 True。

3.2.3 多重排序

实例 15：将 D:盘 abc 文件夹中的“例题锦集.xlsx”打开，同时打开其中的“饮料全表”工作表，以“容量”为第一关键字（升序）、以“单价”为第二关键字（降序）进行排序，并将工作簿以“323.xlsx”为名进行保存。

代码如下：

```
import pandas as pd
books=pd.read_excel('d:/abc/例题锦集.xlsx',sheet_name='饮料全表')
books.sort_values(by=['容量','单价'],inplace=True,ascending=[True,False])

books.to_excel('d:/abc/323.xlsx')    #保存位置
```

运行结果如图 3-2-3 所示。

	品名	单位	单价	容量	数量	总价
5	椰树椰汁	听	4.6	245ml	60	276
8	红牛饮料	听	6.9	250ml	60	207
6	美汁源	瓶	4	330ml	50	240
7	雪碧	听	2.9	330ml	50	174
4	可口可乐	瓶	2.8	330ml	60	112
0	怡宝	瓶	1.6	350ml	100	80
1	农夫山泉	瓶	1.6	380ml	70	80
2	屈臣氏	瓶	2.5	400ml	50	125
3	加多宝	瓶	5.5	500ml	30	165

图 3-2-3 运行结果

3.2.4 数据筛选

实例 16：将 D:盘 abc 文件夹中的“例题锦集.xlsx”打开，同时打开其中的“饮料全表”工作表，将“单价”介于 2～3 的数据筛选出来，并将工作簿以“324.xlsx”为名进行保存。

代码如下：

```
import pandas as pd

def dj(x):                                  #定义单价筛选条件
    return  2<x<3

books=pd.read_excel('d:/abc/例题锦集.xlsx',sheet_name='饮料全表')
books=books.loc[books['单价'].apply(dj)]     #以条件 dj 对单价进行筛选

books.to_excel('d:/abc/324.xlsx')           #保存位置
```

运行结果如图 3-2-4 所示。

A1						
	A	B	C	D	E	F	G

	A	B	C	D	E	F	G
1		品名	单位	单价	容量	数量	总价
2	2	屈臣氏	瓶	2.5	400ml	50	125
3	4	可口可乐	瓶	2.8	330ml	60	112
4	7	雪碧	听	2.9	330ml	50	174
5							
6							

Sheet1

图 3-2-4　运行结果

3.2.5　提取工作表数据并将其写入列表和字典

实例 17：将 D:盘 abc 文件夹中的“饮料销售情况.xls”文件打开，并打开其中 sheet1 工作表，将其中的数据写入列表和字典。

代码如下：

```
import xlrd
data=xlrd.open_workbook('d:/abc/饮料销售情况.xls')
table=data.sheet_by_name('sheet1')
name=[]                              #设置初值（空值）
data=[]                              #设置初值（空值）
dict_data={}                         #设置初值（空值）
nr=table.nrows                       #计算工作表总行数据
nc=table.ncols                       #计算工作表总列数据
for i in range(nr):                  #读取工作表数据到列表
    name.append(table.row_values(i)[0])
    data.append(table.row_values(i)[1:nc])
print(name)
print(data)
print('=====================')
dict_data=dict(zip(name,data))       #合并列表到字典
print(dict_data)
```

运行结果如下：

```
['品名', '怡宝', '农夫山泉', '屈臣氏', '加多宝', '可口可乐', '椰树椰汁'
, '美汁源', '雪碧', '红牛饮料']
[['单位', '单价', '容量', '数量', '总价'], ['瓶', 1.6, '350ml', 50.0,
''], ['瓶', 1.6, '380ml', 50.0, ''], ['瓶', 2.5, '400ml', 50.0, ''], [
'瓶', 5.5, '500ml', 30.0, ''], ['瓶', 2.8, '330ml', 40.0, ''], ['听',
4.6, '245ml', 60.0, ''], ['瓶', 4.0, '330ml', 60.0, ''], ['听', 2.9, '
330ml', 60.0, ''], ['听', 6.9, '250ml', 30.0, '']]
=====================
{'品名': ['单位', '单价', '容量', '数量', '总价'], '怡宝': ['瓶', 1.6,
'350ml', 50.0, ''], '农夫山泉': ['瓶', 1.6, '380ml', 50.0, ''], '屈臣
氏': ['瓶', 2.5, '400ml', 50.0, ''], '加多宝': ['瓶', 5.5, '500ml', 30
.0, ''], '可口可乐': ['瓶', 2.8, '330ml', 40.0, ''], '椰树椰汁': ['听'
, 4.6, '245ml', 60.0, ''], '美汁源': ['瓶', 4.0, '330ml', 60.0, ''], '
雪碧': ['听', 2.9, '330ml', 60.0, ''], '红牛饮料': ['听', 6.9, '250ml'
, 30.0, '']}
>>> |
```

说明：从 Excel 电子表格的数据中提取需要关注的数据十分重要，之前做了大量的前期准

备工作，就是为了这一刻，可以说这是一个收获的过程。要注意，在完成这些后期工作时，列表、字典所扮演的角色越来越重要。

3.2.6　数据分类汇总（按字符型汇总）

实例 18：将 D:盘 abc 文件夹中的“例题锦集.xlsx”文件打开，并打开其中的“饮料全表”工作表，将其中的数据以“单位”为依据分类汇总（求和），将工作簿以“326.xlsx”为名进行保存。

代码如下：

```
import pandas as pd

df=pd.read_excel('d:/abc/例题锦集.xlsx','饮料全表')

kk=df.groupby(['单位']).sum()       #按“单位”分组

kk.to_excel('d:/abc/326.xlsx')       #写入 Excel 文件中
```

运行结果如图 3-2-5 所示。

A1　单位

	A	B	C	D
1	单位	单价	数量	总价
2	听	14.4	170	657
3	瓶	18	360	802

Sheet1

图 3-2-5　运行结果

3.2.7　数据分类汇总（按数值型汇总）

实例 19：将 D:盘 abc 文件夹中的“例题锦集.xlsx”文件打开，并打开其中的“饮料全表”工作表，将其中的数据以“单位”和“容量”为依据分类汇总（求和），将工作簿以“327.xlsx”为名进行保存。

代码如下：

```
import pandas as pd

df=pd.read_excel('d:/abc/例题锦集.xlsx','饮料全表')

kk=df.groupby(['单位','容量']).sum()       #按“单位”和“容量”分组

kk.to_excel('d:/abc/327.xlsx')
```

运行结果如图 3-2-6 所示。

单位	容量	单价	数量	总价
听	245ml	4.6	60	276
	250ml	6.9	60	207
	330ml	2.9	50	174
瓶	330ml	6.8	110	352
	350ml	1.6	100	80
	380ml	1.6	70	80
	400ml	2.5	50	125
	500ml	5.5	30	165

图 3-2-6　运行结果

3.2.8　创建数据透视表

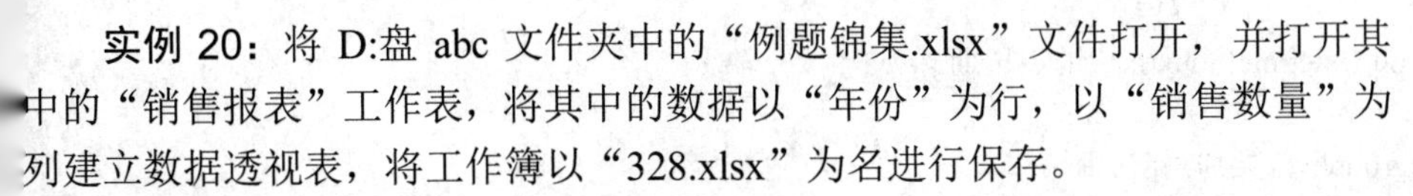

实例 20：将 D:盘 abc 文件夹中的“例题锦集.xlsx”文件打开，并打开其中的“销售报表”工作表，将其中的数据以“年份”为行，以“销售数量”为列建立数据透视表，将工作簿以“328.xlsx”为名进行保存。

代码如下：

```
import pandas as pd
import numpy as np
tsb=pd.read_excel("d:/abc/例题锦集.xlsx",'销售报表')

tsb['年份']=pd.DatetimeIndex(tsb['销售日期']).year          #提取年份

tsb1=tsb.pivot_table(index='类别',columns='年份',values='销售数量',\
                    aggfunc=np.sum)                        #建立数据透视表

tsb1.to_excel('d:/abc/328.xlsx')
```

运行结果如图 3-2-7 所示。

类别	2015	2016	2017	2018
上衣	1296	330	699	696
帽子	198		199	
背包		398		698
裤子	697	198	596	
鞋类	550	599	498	

图 3-2-7　运行结果

说明：数据透视表（Pivot Table）是一种交互式的表，可以对其中的数据进行某些计算（如求和、计数等），所进行的计算与数据在数据透视表中的排列有关。

数据透视表最大的特点是可以动态地改变版面布置，以便以不同的方式分析数据，当然也可以重新安排行号、列标和页字段。每次版面布置发生变化时，数据透视表便会立即按照新的布置重新计算数据。如果原始数据发生更改，数据透视表还可以根据最新的数据进行更新。

每个数据透视表都有一个 index；values 用于对需要的计算数据进行筛选；aggfunc 设置数据聚合时进行的函数操作；columns 作为分割数据的可选方式。

3.2.9 数据透视表分组

实例 21：将 D:盘 abc 文件夹中的“例题锦集.xlsx”文件打开，并打开其中的“销售报表”工作表，将其中的数据以“年份”为行，以“销售总额”为列，分组建立数据透视表，将工作簿以“329.xlsx”为名进行保存。

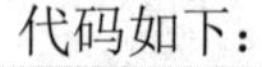

代码如下：

```
import pandas as pd
import numpy as np
tsb=pd.read_excel("d:/abc/例题锦集.xlsx",'销售报表')

tsb['年份']=pd.DatetimeIndex(tsb['销售日期']).year          #提取年份

groups=tsb.groupby(['类别','年份'])                          #分组
s=groups['销售数量'].sum()                                   #计算销售总额

pt2=pd.DataFrame({'销售总额':s})                             #合并（聚合）

pt2.to_excel('d:/abc/329.xlsx')
```

运行结果如图 3-2-8 所示。

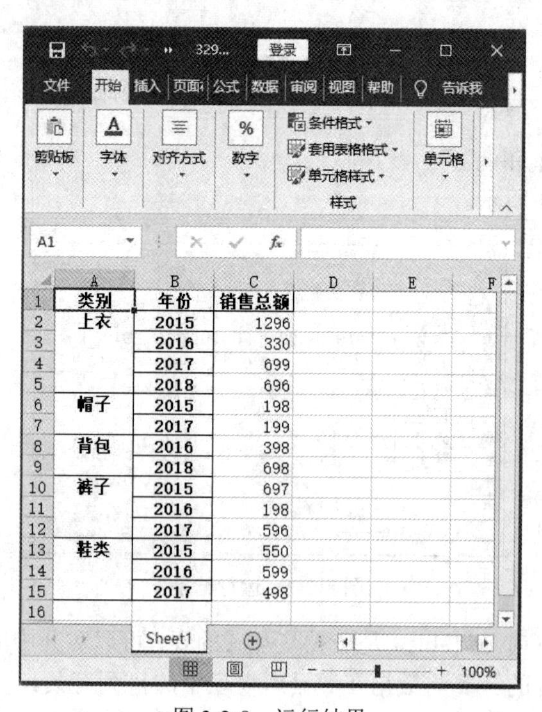

类别	年份	销售总额
上衣	2015	1296
	2016	330
	2017	699
	2018	696
帽子	2015	198
	2017	199
背包	2016	398
	2018	698
裤子	2015	697
	2016	198
	2017	596
鞋类	2015	550
	2016	599
	2017	498

图 3-2-8 运行结果

说明：在数据透视表中以不同的方式对数据进行分组，更能显示数据透视表的强大功能。

DataFrame 是一个表格型的数据结构，包含一组有序的列，每列可以是不同的数据类型（数值型、字符串型、布尔型等）。DataFrame 既有行索引也有列索引，可以被看作由序列（Series）组成的字典。

3.3　csv、tsv、txt 文件与 Excel 文件的区别与联系

csv、tsv、txt 文件由任意数目的记录组成，记录间以某种换行符分隔，每条记录由字段组成，字段间的分隔符是其他字符或字符串，最常见的分隔符是逗号或制表符，所有记录通常都有完全相同的字段序列。csv、tsv、txt 文件通常都是纯文本文件，可使用记事本软件打开。

csv（comma-separated values，逗号分隔值）文件以半角逗号（,）作为字段的分隔符。

tsv（tab-separated values，制表符分隔值）文件用制表符（\t）作为字段的分隔符。

（1）csv、tsv、txt 文件是纯文本格式，用于将表格信息保存到具有特定扩展名的分隔文本文件中；Excel 文件是电子表格，用于将文件保存到自己的专有格式 .xls 或 .xlsx 中。

（2）csv、tsv、txt 文件具有一系列用字符分隔的值；Excel 文件是二进制文件，保存工作簿中所有工作表的信息。

（3）csv、tsv、txt 文件无法对数据执行操作；Excel 文件可以对数据执行操作。

（4）csv、tsv、txt 文件存取速度更快，占用的内存也更少；Excel 文件在导入数据时消耗的内存更多。

（5）csv、tsv、txt 文件可以在窗口中使用任何文本编辑器打开；Excel 文件则不能使用文本编辑器打开。

3.3.1　读取 csv 文件内容到 Excel 文件中

实例 22：在 D:盘 abc 文件夹中，将“学生名单.csv”文件读入 Excel 文件，并将工作簿以“331.xlsx”为名保存在相同文件夹中。原始数据如图 3-3-1 所示。

代码如下：

```
import pandas as pd
stu=pd.read_csv('d:/abc/学生名单.csv',encoding='gbk',index_col='学号') #读入 csv 文件

stu.to_excel('d:/abc/331.xlsx')
```

运行结果如图 3-3-2 所示。

说明：Python 内置了 csv 模块用于读写 csv 文件。csv 文件是数据科学中常见的数据存储格式之一。csv 模块能轻松完成各种体量数据的读写操作。

本例中的 encoding='gbk'是为了解决中文乱码问题。图 3-3-1 为 csv 源文件内容，图 3-3-2 为新建立的 Excel 文件“331.xlsx”的内容。

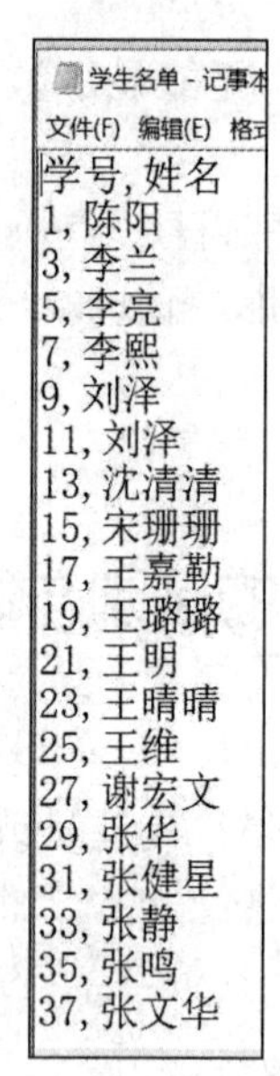

学生名单 - 记事本
文件(F) 编辑(E) 格式

学号,姓名
1,陈阳
3,李兰
5,李亮
7,李熙
9,刘泽
11,刘泽
13,沈清清
15,宋珊珊
17,王嘉勒
19,王璐璐
21,王明
23,王晴晴
25,王维
27,谢宏文
29,张华
31,张健星
33,张静
35,张鸣
37,张文华

图 3-3-1 csv 文件中的原始数据

	A	B	C
1	学号	姓名	
2	1	陈阳	
3	3	李兰	
4	5	李亮	
5	7	李熙	
6	9	刘泽	
7	11	刘泽	
8	13	沈清清	
9	15	宋珊珊	
10	17	王嘉勒	
11	19	王璐璐	
12	21	王明	
13	23	王晴晴	
14	25	王维	
15	27	谢宏文	
16	29	张华	
17	31	张健星	
18	33	张静	
19	35	张鸣	
20	37	张文华	
21	39	赵昭	
22			

图 3-3-2 Excel 文件中的数据

3.3.2 读取 tsv 文件内容到 Excel 文件中

实例 23：在 D:盘 abc 文件夹中，将“学生名单.tsv”文件读入 Excel 文件，并将工作簿以“332.xlsx”为名保存在相同文件夹中。原始数据如图 3-3-3 所示。

代码如下：

```
import pandas as pd
stu=pd.read_csv('d:/abc/学生名单.tsv',sep='\t',encoding='gbk',index_col='学号') #读入 tsv 文件

stu.to_excel('d:/abc/332.xlsx')     #写入 Excel 文件中
```

运行结果如图 3-3-4 所示。

学生名单.tsv - 记事本
文件(F) 编辑(E) 格式(O) 查

学号	姓名
1	陈阳
3	李兰
5	李亮
7	李熙
9	刘泽
11	刘泽
13	沈清清
15	宋珊珊
17	王嘉勒
19	王璐璐
21	王明
23	王晴晴
25	王维
27	谢宏文
29	张华
31	张健星
33	张静
35	张鸣
37	张文华

图 3-3-3 tsv 文件中的原始数据

A1

	A	B
1	学号	姓名
2	1	陈阳
3	3	李兰
4	5	李亮
5	7	李熙
6	9	刘泽
7	11	刘泽
8	13	沈清清
9	15	宋珊珊
10	17	王嘉勒
11	19	王璐璐
12	21	王明
13	23	王晴晴
14	25	王维
15	27	谢宏文
16	29	张华
17	31	张健星
18	33	张静
19	35	张鸣
20	37	张文华
21	39	赵昭
22		

图 3-3-4 Excel 文件中的数据

说明：Python 的 csv 模块准确地讲应该叫作 dsv 模块，因为它实际上是支持范式的分隔符分隔值文件（delimiter-separated values，dsv）的。

本例中的 sep='\t'表示分隔符为\t。图 3-3-3 为 tsv 源文件内容，图 3-3-4 为新建立的 Excel 文件“332.xlsx”的内容。在输出工作表中的数据时，加入如下两行代码可以完整显示全部数据。

```
pd.options.display.max_columns=None      #取消最大列的限制
pd.options.display.max_rows=None         #取消最大行的限制
```

3.3.3　读取 txt 文件内容到 Excel 文件中

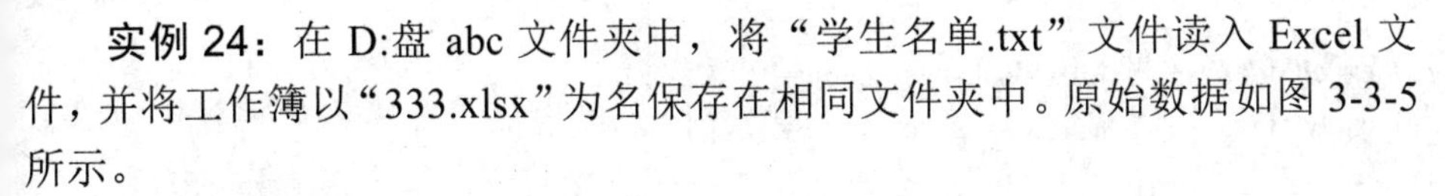

实例 24：在 D:盘 abc 文件夹中，将“学生名单.txt”文件读入 Excel 文件，并将工作簿以“333.xlsx”为名保存在相同文件夹中。原始数据如图 3-3-5 所示。

代码如下：

```
import pandas as pd
stu=pd.read_table('d:/abc/学生名单.txt',encoding='gbk',index_col='学号') #读入 txt 文件

stu.to_excel('d:/abc/333.xlsx')
```

运行结果如图 3-3-6 所示。

学生名单 - 记事本

文件(F) 编辑(E) 格式(O) 查

学号	姓名
1	陈阳
3	李兰
5	李亮
7	李熙
9	刘泽
11	刘泽
13	沈清清
15	宋珊珊
17	王嘉勒
19	王璐璐
21	王明
23	王晴晴
25	王维
27	谢宏文
29	张华
31	张健星
33	张静
35	张鸣
37	张文华

图 3-3-5　txt 文件中的原始数据

	A	B
1	学号	姓名
2	1	陈阳
3	3	李兰
4	5	李亮
5	7	李熙
6	9	刘泽
7	11	刘泽
8	13	沈清清
9	15	宋珊珊
10	17	王嘉勒
11	19	王璐璐
12	21	王明
13	23	王晴晴
14	25	王维
15	27	谢宏文
16	29	张华
17	31	张健星
18	33	张静
19	35	张鸣
20	37	张文华
21	39	赵昭
22		

图 3-3-6　Excel 文件中的数据

说明：csv、tsv 和 txt 文件都属于文本文件。csv 文件和 tsv 文件的字段间分别由逗号和 Tab 键隔开，而 txt 文件则没有明确要求，可使用逗号、制表符、空格等多种不同的符号分隔字段。

本例中，图 3-3-5 为 txt 源文件内容，图 3-3-6 为新建立的 Excel 文件“333.xlsx”的内容。

3.4 关于工作表中行的操作

3.4.1 合并两个工作表

实例 25：将 D:盘 abc 文件夹中的“例题锦集.xlsx”打开，将其中“优秀名单”“良好名单”工作表中的数据合并到一个工作表中，将工作簿以“341.xlsx”为名进行保存。

代码如下：

```
import pandas as pd

page1=pd.read_excel('d:/abc/例题锦集.xlsx',sheet_name='优秀名单')
page2=pd.read_excel('d:/abc/例题锦集.xlsx',sheet_name='良好名单')

stu=page1.append(page2).reset_index(drop=True)     #合并

stu.to_excel('d:/abc/341.xlsx')
```

运行结果如图 3-4-1 所示。

	A	B	C	D
1		学号	姓名	成绩
2	0	1	陈琛	86
3	1	2	刘峰	88
4	2	3	张子栋	89
5	3	4	王东杰	90
6	4	5	杨丹	91
7	5	6	陈东	91
8	6	7	赵雪	91
9	7	8	孙旭东	92
10	8	9	李冬雪	93
11	9	10	张凯	94
12	10	11	李静	95
13	11	12	申兰	95
14	12	13	刘佳	95
15	13	14	孙凯	96
16	14	15	吴莉莉	97
17	15	16	孔柠	97
18	16	17	宋松	98
19	17	18	李莉	99
20	18	19	陈菲	100
21	19	20	张磊	100
22	20	21	李达	75

图 3-4-1 运行结果

说明：在实际工作中，大量数据经常存放在不同的工作表中，将多个工作表合并成一个工作表是数据处理所必须的。本实例以两个工作表的具体操作为例进行说明。

本实例中，drop=True 的含义是放弃原来的索引；reset_index(drop=True)的含义是将索引重新设置。

3.4.2 向工作表中追加数据

实例 26：将 D:盘 abc 文件夹中的“例题锦集.xlsx”打开，同时打开其中为“优秀名单”工作表，在数据末尾追加一行新数据，将工作簿以“342.xlsx”为名进行保存。

代码如下：

```
import pandas as pd

page1=pd.read_excel('d:/abc/例题锦集.xlsx',sheet_name='优秀名单')
stu=pd.Series({'学号':21,'姓名':'李强','成绩':91})

students=page1.append(stu,ignore_index=True)     #追加一行数据

students.to_excel('d:/abc/342.xlsx')
```

运行结果如图 3-4-2 所示。

	A	B	C	D
1		学号	姓名	成绩
2	0	1	陈琛	86
3	1	2	刘峰	88
4	2	3	张子栋	89
5	3	4	王东杰	90
6	4	5	杨丹	91
7	5	6	陈东	91
8	6	7	赵雪	91
9	7	8	孙旭东	92
10	8	9	李冬雪	93
11	9	10	张凯	94
12	10	11	李静	95
13	11	12	申兰	95
14	12	13	刘佳	95
15	13	14	孙凯	96
16	14	15	吴莉莉	97
17	15	16	孔柠	97
18	16	17	宋松	98
19	17	18	李莉	99
20	18	19	陈菲	100
21	19	20	张磊	100
22	20	21	李强	91
23				

图 3-4-2　运行结果

说明：工作表往往是动态的，根据实际情况经常需要进行修改及完善。本实例在一个工作表的尾部增加数据，其中，ignore_index=True 的含义是对新加入的数据自动生成索引。

3.4.3　修改工作表中的数据

实例 27：将 D:盘 abc 文件夹中的“例题锦集.xlsx”打开，将其中的“优秀名单”工作表中的第 7 条数据中姓名列的“赵雪”改为“李密”，将工作簿以“343.xlsx”为名进行保存。

代码如下：

```
import pandas as pd

page1=pd.read_excel('d:/abc/例题锦集.xlsx',sheet_name='优秀名单')
page1.at[7,'姓名']='李密'     #修改姓名列的数据
```

```
page1.to_excel('d:/abc/343.xlsx')          #写入 Excel 文件中
```

运行结果如图 3-4-3 所示。

	A	B	C	D
1		学号	姓名	成绩
2	0	1	陈琛	86
3	1	2	刘峰	88
4	2	3	张子栋	89
5	3	4	王东杰	90
6	4	5	杨丹	91
7	5	6	陈东	91
8	6	7	赵雪	91
9	7	8	李密	92
10	8	9	李冬雪	93
11	9	10	张凯	94
12	10	11	李静	95
13	11	12	申兰	95
14	12	13	刘佳	95
15	13	14	孙凯	96
16	14	15	吴莉莉	97
17	15	16	孔柠	97
18	16	17	宋松	98
19	17	18	李莉	99
20	18	19	陈菲	100
21	19	20	张磊	100
22				

Sheet1

图 3-4-3　运行结果

说明：工作表中的数据需要根据实际情况进行修改及完善，这也是日常维护工作中的一项。对于大量的、具有规律性的数据进行修改，通过计算机来完成效果更好，这也是用 Python 语言程序控制 Excel 电子表格操作的初衷。

3.4.4　替换整行数据

实例 28：将 D:盘 abc 文件夹中的“例题锦集.xlsx”打开，同时打开其中的“优秀名单”工作表，将其第 6 条姓名为“陈东”的记录替换掉，将工作簿以“344.xlsx”为名进行保存。

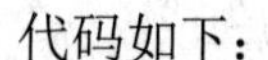

代码如下：

```
import pandas as pd

page1=pd.read_excel('d:/abc/例题锦集.xlsx',sheet_name='优秀名单')
stu=pd.Series({'学号':6,'姓名':'吴伟','成绩':97})

page1.iloc[5]=stu                #替换整行数据

page1.to_excel('d:/abc/344.xlsx')
```

运行结果如图 3-4-4 所示。

A1

	A	B	C	D
1		学号	姓名	成绩
2	0	1	陈琛	86
3	1	2	刘峰	88
4	2	3	张子栋	89
5	3	4	王东杰	90
6	4	5	杨丹	91
7	5	6	吴伟	97
8	6	7	赵雪	91
9	7	8	孙旭东	92
10	8	9	李冬雪	93
11	9	10	张凯	94
12	10	11	李静	95
13	11	12	申兰	95
14	12	13	刘佳	95
15	13	14	孙凯	96
16	14	15	吴莉莉	97
17	15	16	孔柠	97
18	16	17	宋松	98
19	17	18	李莉	99
20	18	19	陈菲	100
21	19	20	张磊	100
22				

Sheet1

图 3-4-4　运行结果

说明：对工作表中的数据进行修改完善时，经常需要进行整行替换操作，这样不仅可以很大程度上降低工作强度，同时也可以更加高效地完成工作。

3.4.5　插入整行数据

实例 29：将 D:盘 abc 文件夹中的“例题锦集.xlsx”打开，同时打开其中的“优秀名单”工作表，在其第 3 条记录下面插入一条新记录，将工作簿以“345.xlsx”为名进行保存。

代码如下：

```
import pandas as pd
page1=pd.read_excel('d:/abc/例题锦集.xlsx',sheet_name='优秀名单')

stu=pd.Series({'学号':101,'姓名':'吴伟','成绩':97})

pa1=page1[:3]                          #进行切片操作（左闭右开）
pa2=page1[3:]                          #进行切片操作（左开右闭）

students=pa1.append(stu,ignore_index=True).append(pa2).reset_index(drop=True)     #进行组合

students.to_excel('d:/abc/345.xlsx')
```

运行结果如图 3-4-5 所示。

	A	B	C	D
1		学号	姓名	成绩
2	0	1	陈琛	86
3	1	2	刘峰	88
4	2	3	张子栋	89
5	3	101	吴伟	97
6	4	4	王东杰	90
7	5	5	杨丹	91
8	6	6	陈东	91
9	7	7	赵雪	91
10	8	8	孙旭东	92
11	9	9	李冬雪	93
12	10	10	张凯	94
13	11	11	李静	95
14	12	12	申兰	95
15	13	13	刘佳	95
16	14	14	孙凯	96
17	15	15	吴莉莉	97
18	16	16	孔柠	97
19	17	17	宋松	98
20	18	18	李莉	99
21	19	19	陈菲	100
22	20	20	张磊	100
23				

Sheet1

图 3-4-5　运行结果

说明：进行数据处理时，在工作表中的任意位置插入一整行数据可以大大提高工作的自由度。本实例中，插入数据操作是以索引为依据的。

3.4.6　删除整行数据（按指定行删除）

实例 30：将 D:盘 abc 文件夹中的"例题锦集.xlsx"打开，同时打开其中的"优秀名单"工作表，将其第 3 行至第 6 行的 4 条数据删除，将工作簿以"346.xlsx"为名进行保存。

代码如下：

```
import pandas as pd

page1=pd.read_excel('d:/abc/例题锦集.xlsx',sheet_name='优秀名单')

page1.drop(index=[2,3,4,5],inplace=True)        #删除

page1.to_excel('d:/abc/346.xlsx')
```

运行结果如图 3-4-6 所示。

说明：删除数据是处理数据过程中不可缺少的操作方式，本实例实现的是删除整行数据。本实例中，删除数据操作是以索引为依据的。

	A	B	C	D	E
1		学号	姓名	成绩	
2	0	1	陈琛	86	
3	1	2	刘峰	88	
4	6	7	赵雪	91	
5	7	8	孙旭东	92	
6	8	9	李冬雪	93	
7	9	10	张凯	94	
8	10	11	李静	95	
9	11	12	申兰	95	
10	12	13	刘佳	95	
11	13	14	孙凯	96	
12	14	15	吴莉莉	97	
13	15	16	孔柠	97	
14	16	17	宋松	98	
15	17	18	李莉	99	
16	18	19	陈菲	100	
17	19	20	张磊	100	
18					

Sheet1

图 3-4-6　运行结果

3.4.7　删除整行数据（按指定范围删除）

实例 31： 将 D:盘 abc 文件夹中的“例题锦集.xlsx”打开，同时打开其中的“优秀名单”工作表，将其第 3 条至第 6 条的 4 条记录删除，将工作簿以“347.xlsx”为名进行保存。

代码如下：

```
import pandas as pd

page1=pd.read_excel('d:/abc/例题锦集.xlsx',sheet_name='优秀名单')

page1.drop(index=range(2,6),inplace=True)        #删除

page1.to_excel('d:/abc/347.xlsx')
```

运行结果如图 3-4-6 所示。

3.4.8　删除整行数据（按切片方式删除）

实例 32： 将 D:盘 abc 文件夹中的“例题锦集.xlsx”打开，同时打开其中的“优秀名单”工作表，将第 3 行至第 6 行的 4 条数据删除，将工作簿以“348.xlsx”为名进行保存。

代码如下：

```
import pandas as pd

page1=pd.read_excel('d:/abc/例题锦集.xlsx',sheet_name='优秀名单')

page1.drop(index=page1[2:6].index,inplace=True)        #按切片进行删除

page1.to_excel('d:/abc/348.xlsx')
```

运行结果如图 3-4-6 所示。

说明：删除数据的方式有多种，本实例以切片的方式删除数据。

3.4.9 有条件地删除整行数据

实例 33：将 D:盘 abc 文件夹中的“例题锦集.xlsx”打开，同时打开其中的“优秀名单”工作表，将人员中姓“李”的记录按条件方式进行删除，并重新设置索引，最后将工作簿以“349.xlsx”为名进行保存。

代码如下：

```
import pandas as pd

page1=pd.read_excel('d:/abc/例题锦集.xlsx',sheet_name='优秀名单')

miss=page1.loc[page1['姓名'].str[0:1]=='李']   #筛选数据

page1.drop(index=miss.index,inplace=True)    #有条件地进行删除
students=page1.reset_index(drop=True)        #重新设置索引

students.to_excel('d:/abc/349.xlsx')
```

运行结果如图 3-4-7 所示。

	学号	姓名	成绩
0	1	陈琛	86
1	2	刘峰	88
2	3	张子栋	89
3	4	王东杰	90
4	5	杨丹	91
5	6	陈东	91
6	7	赵雪	91
7	8	孙旭东	92
8	10	张凯	94
9	12	申兰	95
10	13	刘佳	95
11	14	孙凯	96
12	15	吴莉莉	97
13	16	孔柠	97
14	17	宋松	98
15	19	陈菲	100
16	20	张磊	100

图 3-4-7 运行结果

说明：按照一定的条件删除工作表中的数据是常用的、必要的操作方式，特别是在数据量很大的情况下，通过计算机处理庞大复杂的数据无疑是高效的。

3.5　关于工作表中列的操作

3.5.1　以列的方式合并两个工作表

实例 34：将 D:盘 abc 文件夹中的“例题锦集.xlsx”打开，将其中“优秀名单”“良好名单”工作表中的数据以列的方式合并到一个工作表中，将工作簿以“351.xlsx”为名进行保存。

代码如下：

```
import pandas as pd

page1=pd.read_excel('d:/abc/例题锦集.xlsx',sheet_name='优秀名单')
page2=pd.read_excel('d:/abc/例题锦集.xlsx',sheet_name='良好名单')

stu=pd.concat((page1,page2),axis=1)        #合并工作表

stu.to_excel('d:/abc/351.xlsx')
```

运行结果如图 3-5-1 所示。

A1

	A	B	C	D	E	F	G
1		学号	姓名	成绩	学号	姓名	成绩
2	0	1	陈琛	86	21	李达	75
3	1	2	刘峰	88	22	邢星	75
4	2	3	张子栋	89	23	刘雪	75
5	3	4	王东杰	90	24	陈丹丹	75
6	4	5	杨丹	91	25	刘晓静	76
7	5	6	陈东	91	26	江建华	77
8	6	7	赵雪	91	27	赵晨	77
9	7	8	孙旭东	92	28	张薇	78
10	8	9	李冬雪	93	29	邓盛源	78
11	9	10	张凯	94	30	杜阳	78
12	10	11	李静	95	31	孔升阳	79
13	11	12	申兰	95	32	苏熙	79
14	12	13	刘佳	95	33	齐朵朵	80
15	13	14	孙凯	96	34	冯星	81
16	14	15	吴莉莉	97	35	林琳	82
17	15	16	孔柠	97	36	张章	82
18	16	17	宋松	98	37	罗琛	82
19	17	18	李莉	99	38	黄晟	83
20	18	19	陈菲	100	39	赵越越	84
21	19	20	张磊	100	40	陈莉莉	84
22							

图 3-5-1　运行结果

说明：以列的方式合并工作表，在数据处理时不经常使用，但该方法可以将数据以合适的方式整合进行显示。

3.5.2　追加列数据（追加空列）

实例 35：将 D:盘 abc 文件夹中的“例题锦集.xlsx”打开，将其中的“优秀名单”工作表打开，在其数据列的右侧加入一列，命名为“年龄”，其数据内容均为 25，并将工作簿以“352.xlsx”为名进行保存。

代码如下：

```
import pandas as pd

page1=pd.read_excel('d:/abc/例题锦集.xlsx',sheet_name='优秀名单')
page1['年龄']=25                              #追加列数据

page1.to_excel('d:/abc/352.xlsx')
```

运行结果如图 3-5-2 所示。

A1

	A	B	C	D	E
1		学号	姓名	成绩	年龄
2	0	1	陈琛	86	25
3	1	2	刘峰	88	25
4	2	3	张子栋	89	25
5	3	4	王东杰	90	25
6	4	5	杨丹	91	25
7	5	6	陈东	91	25
8	6	7	赵雪	91	25
9	7	8	孙旭东	92	25
10	8	9	李冬雪	93	25
11	9	10	张凯	94	25
12	10	11	李静	95	25
13	11	12	申兰	95	25
14	12	13	刘佳	95	25
15	13	14	孙凯	96	25
16	14	15	吴莉莉	97	25
17	15	16	孔柠	97	25
18	16	17	宋松	98	25
19	17	18	李莉	99	25
20	18	19	陈菲	100	25
21	19	20	张磊	100	25
22					

Sheet1

图 3-5-2　运行结果

说明：对于 Excel 工作表，在已经存在的列之后增加若干列的操作是经常用到的，这也是完善工作表的方式一。

3.5.3　追加列数据（追加并填充数据）

实例 36：将 D:盘 abc 文件夹中的“例题锦集.xlsx”打开，将其中的“优秀名单”工作表打开，在“成绩”列右侧加入一列，命名为“名次”，其数据内容为一数字序列，并将工作簿以“353.xlsx”为名进行保存。

代码如下：

```
import pandas as pd
import numpy as np

page1=pd.read_excel('d:/abc/例题锦集.xlsx',sheet_name='优秀名单')
page1['名次']=np.arange(1,len(page1)+1)        #追加列数据

page1.to_excel('d:/abc/353.xlsx')
```

运行结果如图 3-5-3 所示。

	学号	姓名	成绩	名次
0	1	陈琛	86	1
1	2	刘峰	88	2
2	3	张子栋	89	3
3	4	王东杰	90	4
4	5	杨丹	91	5
5	6	陈东	91	6
6	7	赵雪	91	7
7	8	孙旭东	92	8
8	9	李冬雪	93	9
9	10	张凯	94	10
10	11	李静	95	11
11	12	申兰	95	12
12	13	刘佳	95	13
13	14	孙凯	96	14
14	15	吴莉莉	97	15
15	16	孔柠	97	16
16	17	宋松	98	17
17	18	李莉	99	18
18	19	陈菲	100	19
19	20	张磊	100	20

图 3-5-3　运行结果

说明：本实例实现了在向工作表中追加列的同时添充数据。

3.5.4　删除列数据

实例 37：将 D:盘 abc 文件夹中的“例题锦集.xlsx”打开，将其中的“优秀名单”工作表打开，将其最右侧的名为“成绩”的一列数据内容删除，将工作簿以“354.xlsx”为名进行保存。

代码如下：

```
import pandas as pd

page1=pd.read_excel('d:/abc/例题锦集.xlsx',sheet_name='优秀名单')
page1.drop(columns='成绩',inplace=True)    #删除列数据

page1.to_excel('d:/abc/354.xlsx')
```

运行结果如图 3-5-4 所示。

	学号	姓名
0	1	陈琛
1	2	刘峰
2	3	张子栋
3	4	王东杰
4	5	杨丹
5	6	陈东
6	7	赵雪
7	8	孙旭东
8	9	李冬雪
9	10	张凯
10	11	李静
11	12	申兰
12	13	刘佳
13	14	孙凯
14	15	吴莉莉
15	16	孔柠
16	17	宋松
17	18	李莉
18	19	陈菲
19	20	张磊

图 3-5-4　运行结果

说明：本实例实现了对工作表中的列数据进行整列删除。

3.5.5 插入列数据

实例 38：将 D:盘 abc 文件夹中的“例题锦集.xlsx”打开，将其中的“优秀名单”工作表打开，在其最右侧名为“成绩”的数据列的左侧插入一列名字为“年龄”的列数据，其数据内容为 25，将工作簿以“355.xlsx”为名进行保存。

代码如下：

```
import pandas as pd

page1=pd.read_excel('d:/abc/例题锦集.xlsx',sheet_name='优秀名单')
page1.insert(2,column="年龄",value=25)          #插入列数据

page1.to_excel('d:/abc/355.xlsx')
```

运行结果如图 3-5-5 所示。

	学号	姓名	年龄	成绩
0	1	陈琛	25	86
1	2	刘峰	25	88
2	3	张子栋	25	89
3	4	王东杰	25	90
4	5	杨丹	25	91
5	6	陈东	25	91
6	7	赵雪	25	91
7	8	孙旭东	25	92
8	9	李冬雪	25	93
9	10	张凯	25	94
10	11	李静	25	95
11	12	申兰	25	95
12	13	刘佳	25	95
13	14	孙凯	25	96
14	15	吴莉莉	25	97
15	16	孔柠	25	97
16	17	宋松	25	98
17	18	李莉	25	99
18	19	陈菲	25	100
19	20	张磊	25	100

图 3-5-5 运行结果

说明：本实例实现了在列的左侧增加（插入）列及数据。

3.5.6 修改列标题

实例 39：将 D:盘 abc 文件夹中的“例题锦集.xlsx”打开，将其中的“优秀名单”工作表打开，将其最右侧名为“成绩”的列标题改为“期末成绩”，将工作簿以“356.xlsx”为名进行保存。

代码如下：

```
import pandas as pd

page1=pd.read_excel('d:/abc/例题锦集.xlsx',sheet_name='优秀名单')
```

```
page1.rename(columns={"成绩":"期末成绩"},inplace=True)     #修改列标题

page1.to_excel('d:/abc/356.xlsx')
```

运行结果如图 3-5-6 所示。

A1

	A	B	C	D
1		学号	姓名	期末成绩
2	**0**	1	陈琛	86
3	**1**	2	刘峰	88
4	**2**	3	张子栋	89
5	**3**	4	王东杰	90
6	**4**	5	杨丹	91
7	**5**	6	陈东	91
8	**6**	7	赵雪	91
9	**7**	8	孙旭东	92
10	**8**	9	李冬雪	93
11	**9**	10	张凯	94
12	**10**	11	李静	95
13	**11**	12	申兰	95
14	**12**	13	刘佳	95
15	**13**	14	孙凯	96
16	**14**	15	吴莉莉	97
17	**15**	16	孔柠	97
18	**16**	17	宋松	98
19	**17**	18	李莉	99
20	**18**	19	陈菲	100
21	**19**	20	张磊	100
22				

Sheet1

图 3-5-6　运行结果

说明：本实例对列标题进行了修改。

3.5.7　删除空值

实例 40：将 D:盘 abc 文件夹中的“例题锦集.xlsx”打开，将其中的“优秀名单”工作表打开，将第 3～6 行的“学号”列数据置为空，然后删除空值所在行，将工作簿以“357.xlsx”为名进行保存。

代码如下：

```
import pandas as pd
import numpy as np
page1=pd.read_excel('d:/abc/例题锦集.xlsx',sheet_name='优秀名单')

page1['学号']=page1['学号'].astype(float)     #转换为浮点数
for i in range(3,7):                          #将数据填充为空值
    page1['学号'].at[i]=np.nan

page1.dropna(inplace=True)                    #删除工作表中的空值

page1.to_excel('d:/abc/357.xlsx')
```

运行结果如图 3-5-7 所示。

A1

	A	B	C	D
1		学号	姓名	成绩
2	0	1	陈琛	86
3	1	2	刘峰	88
4	2	3	张子栋	89
5	7	8	孙旭东	92
6	8	9	李冬雪	93
7	9	10	张凯	94
8	10	11	李静	95
9	11	12	申兰	95
10	12	13	刘佳	95
11	13	14	孙凯	96
12	14	15	吴莉莉	97
13	15	16	孔柠	97
14	16	17	宋松	98
15	17	18	李莉	99
16	18	19	陈菲	100
17	19	20	张磊	100
18				

图 3-5-7　运行结果

说明：对于 Excel 工作表中来说，空值是经常出现的，在数据处理阶段需要删除这些无效的空值，以提高数据的有效性。本实例人为模拟空值并将其删除。需要注意，只有浮点数才可以被设置为空值。

3.6　本章总结

本章主要通过 pandas 第三方库对电子表格 Excel 与 Python 语言的交互进行讲解与说明。pandas 第三方库是一个强大的分析结构化数据的工具集。它的使用基础是 numpy 库（提供高性能的矩阵运算），该库提供的功能可用于数据挖掘和数据分析，同时也提供数据清洗功能。

pandas 中常见的数据结构有两种。

（1）Series：类似一维数据的对象。

构建 Series：ser_obj = pd.Series(range(10))。

Series 由索引和数据组成：索引在左（自动创建的），数据在右。

获取数据和索引：ser_obj.values；ser_obj.index。

预览数据：ser_obj.head(n)；ser_obj.tail(n)。

（2）DataFrame：类似多维数组，每列数据可以是不同的类型，索引包括列索引和行索引。

获取列数据：df_obj[col_idx]或 df_obj.col_idx。

增加列数据：df_obj[new_col_idx] = data。

删除列：del df_obj[col_idx]。

按值排序：sort_values(by = "label_name")。

Series 和 DataFrame 的常用方法见表 3-6-1。

表 3-6-1　Series 和 DataFrame 的常用方法

方法	说明
count	非 NA 值的数量
describe	针对 Series 或 DataFrame 各列计算汇总统计
min\max	计算最小值和最大值
argmin\argmax	计算能够获取最小值或最大值的索引位置
idxmin\idxmax	计算能够获取最小值或最大值的索引值
quantile	计算样本的分位数（0～1）
sum	值的总和
mean	值的平均值
median	值的算术中位数（50%分位数）
mad	根据平均值计算平均绝对离差
var	样本值的方差
std	样本值的标准差
skew	样本值的偏度（3 阶距）
kurt	样本值的峰度（4 阶距）
cumsum	样本值的累加值
cumprod	样本值的累计积
diff	计算一阶差分（对时间序列很有用）
pct_change	计算百分数变化

第 4 章　Python 数据可视化之 matplotlib 库和 pyplot 库

图表最能直观展示数据所汇总的结果，特别是在大数据时代，庞大的数据量让我们目不暇接。如股票市场就是最典型的案例，如果没有图表的展示，巨量的数据将会让我们无所适从，通过图表的描述，我们才能从浩瀚的数据海洋中解脱出来，对市场整体的走向一目了然，进而帮助我们进行判断及操作。可以说，图表是大数据直观展示最为重要的一环。

图表具有多样性，可以根据不同来源的数据给出不同的展示方式。本书中主要讨论由电子表格 Excel 承载的数据所产生的图表。其中包括常用的柱状图、饼图、折线图、散点图、直方图、密度图、面积图、环形图、雷达图等。通过不同图表对数据的展示，我们可以从不同的角度了解分析大量数据里隐含的规律性，从而提高对事物的了解程度，并可将其作为各种预测与决策的依据。

matplotlib 库是 Python 中绘制二维、三维图表的数据可视化工具，在 2D 绘图领域使用最为广泛。

matplotlib 绘图的主要功能是绘制 xy 坐标图，其特点如下：使用简单绘图语句实现复杂绘图效果；以交互操作实现渐趋精细的图像效果；使用嵌入式的 LaTeX（排版系统）输出具有印刷级别的图表、科学表达式和符号文本；对图标的组成元素实现精细化控制。

使用 matplotlib 本质上有两种方法：显式创建图形和轴，并在其上调用方法（面向对象样式）；依靠 pyplot 自动创建和管理图形和轴，并使用 pyplot 函数进行绘图。

面向对象样式进行非交互式绘图用于较大项目的部分重复使用的函数和脚本中。pyplot 限制为交互式绘图，模块用法简单，但不适合在较大的应用程序中使用。

matplotlib 库和 pyplot 库是一些命令行风格函数的集合，可使 matplotlib 以类似于 MATLAB 的方式工作。每个 pyplot 函数可对一幅图片做一些改动，比如：创建新图片，在图片上创建一个新的作图区域，在一个作图区域内画直线，给图添加标签等。matplotlib.pyplot 是有状态的，即它会保存当前图片和作图区域的状态，新的作图函数会作用在当前图片的状态之上。

4.1　条形图与散点图

4.1.1　绘制条形图

实例 01：将 D:盘 abc 文件夹中的“例题锦集.xlsx”文件打开，同时打开其中的“饮料全表”工作表，以“品名”和“单价”为参数绘制条形图。

代码如下：

```
import matplotlib.pyplot as plt
import pandas as pd
import numpy as np
plt.rcParams['font.sans-serif']=['SimHei']                  #设置默认字体
plt.rcParams['axes.unicode_minus']=False                    #正常显示负号

stu=pd.read_excel('d:/abc/例题锦集.xlsx',sheet_name="饮料全表")


fig,axes=plt.subplots(2,1)
data=pd.Series(list(stu['单价']),index=list(stu['品名']))
data.plot.bar(ax=axes[0],color='k',alpha=0.7,rot=0)

data.plot.barh(ax=axes[1],color='k',alpha=0.7)


plt.show()
```

运行结果如图 4-1-1 所示。

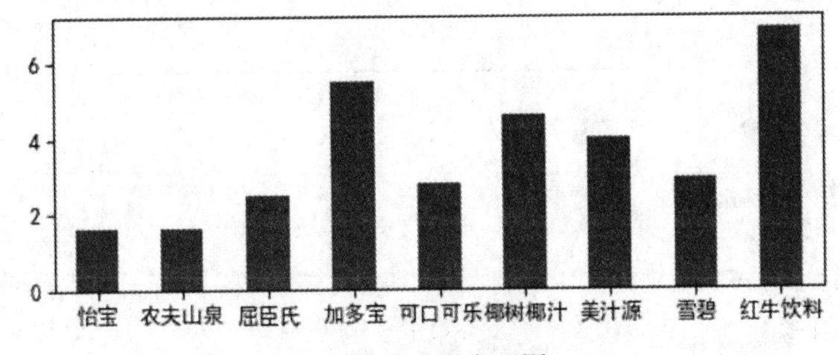

（a）垂直方向的条形图

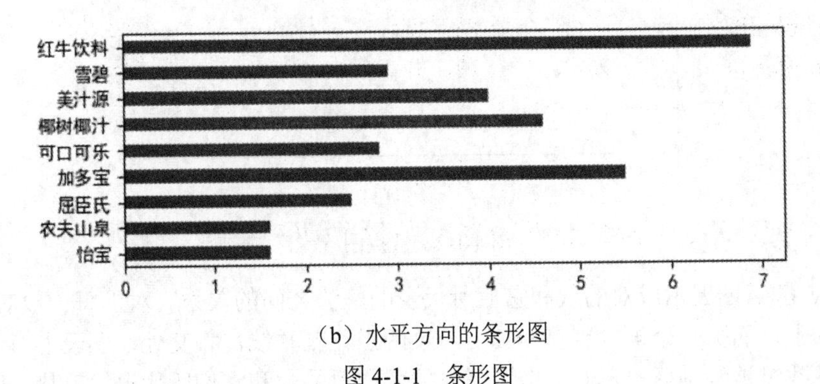

（b）水平方向的条形图

图 4-1-1　条形图

说明：条形图和柱状图表达数据的形式基本相同，区别在于条形图是横向的，更适合类别名称比较长的数据，这样显示更加完整。条形图可以做成横向的旋风图，方便进行对比，比较直观。柱状图可以与折线图配合次坐标轴，做成复合型图表，条形图则比较难以实现此功能。条形图用来表达数据间的比较关系，比如不同产品的销售情况。柱状图用来展示数据的分布或趋势变化，比如某企业员工的年龄分布情况等。

本实例中，参数 alpha 指定了所绘制图形的透明度，rot 指定类别标签偏转的角度。

Series.plot.barh()的用法与 Series.plot.bar()一样，只不过绘制的是水平方向的条形图。

4.1.2 绘制散点图

实例 02：将 D:盘 abc 文件夹中的“例题锦集.xlsx”文件打开，同时打开其中的“销售额度”工作表，以“月份”为 x 轴，以“销售额”为 y 轴绘制散点图。

代码如下：

```
import pandas as pd
import matplotlib .pyplot as plt
plt.rcParams['font.sans-serif']=['SimHei']            #设置默认字体
plt.rcParams['axes.unicode_minus']=False              #正常显示负号

stu=pd.read_excel('D:/abc/例题锦集.xlsx',sheet_name="销售额度")

stu.plot.scatter(x='月份',y='销售额')                  #绘制散点图

plt.show()
```

运行结果如图 4-1-2 所示。

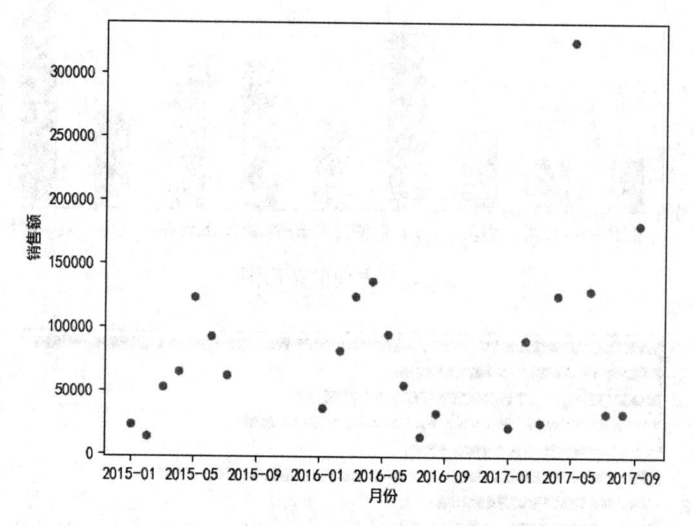

图 4-1-2 散点图

说明：xy 散点图展示成对的数和它们所代表的趋势之间的关系。对于每一数对，一个数被绘制在 x 轴上，而另一个被绘制在 y 轴上，过两点作轴垂线，相交处在图表上有一个标记。当大量的这种数对被绘制后，形成一个图形，展示成对的数和它们所代表的趋势之间的关系。散点图用来呈现各个变量之间的相关性，其重要作用是可以用来绘制函数曲线，从简单的三角函数、指数函数、对数函数到更复杂的混合型函数，都可以利用它快速准确地绘制曲线，在教学、科学计算中会经常用到。在经济领域中，还经常使用散点图进行经济预测，进行盈亏平衡分析等。散点图是观察两个一维数据序列之间关系的有效手段。

本实例中，清楚地展示了随着“月份”的变化而变化的“销售额”。当数据量达到一定程度的时候，极有可能显示数据之间隐含的某种规律性的关系。散点图是大数据时代进行数据分

析很常用的手段之一。本实例中由于数据量较少，故出现的散点也比较稀疏。

4.2　柱状图

4.2.1　绘制普通柱状图

实例 03：将 D:盘 abc 文件夹中的“例题锦集.xlsx”文件打开，同时打开其中的“饮料全表”工作表，以“品名”“单价”为依据绘制柱状图。

代码如下：

```
import pandas as pd
import matplotlib .pyplot as plt
plt.rcParams['font.sans-serif']=['SimHei']        #设置默认字体
plt.rcParams['axes.unicode_minus']=False      #正常显示负号

stu=pd.read_excel('d:/abc/例题锦集.xlsx',sheet_name="饮料全表")

plt.bar(stu.品名,stu.单价)     #绘制柱状图

plt.show()
```

运行结果如图 4-2-1 所示。

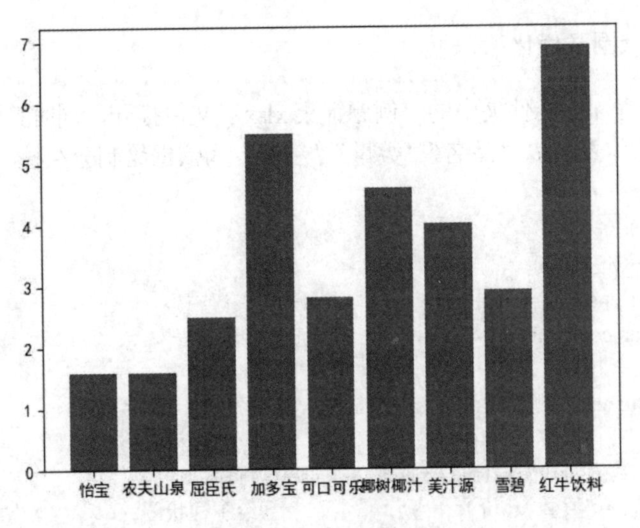

图 4-2-1　柱状图

说明：柱状图又称长条图、柱状统计图、条图、条状图、棒形图，是一种以长方形的长度为变量的统计图表。柱状图通常用于对较小的数据集进行分析。柱状图亦可横向排列，或用多维方式表达。

柱状图由同一系列的垂直柱体组成，通常用来比较一段时间中两个或多个项目数据的相对大小、不同产品季度或年销售量对比、在几个项目中不同部门的经费分配情况、每年各类资料的数目等。柱状图是应用比较广泛的图表类型。

本实例通过图表的建立，直观地展示了各个“品名”的“单价”情况，从而可以进行对比，掌握所有商品的单价情况。

柱状图也可以横向展示，只需将程序中的 bar 改为 barh 即可。横向展示的结果示意如图 4-2-2 所示。

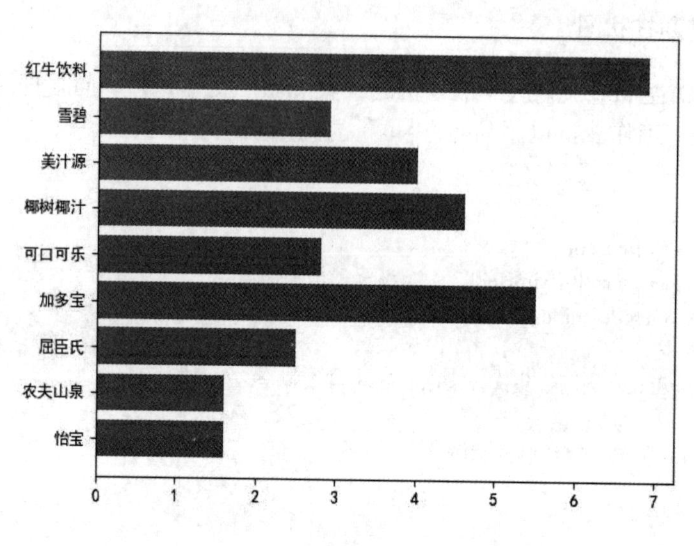

图 4-2-2 柱状图（横向展示）

4.2.2 分组柱状图及优化

实例 04：将 D:盘 abc 文件夹中的“例题锦集.xlsx”文件打开，同时打开其中的“饮料全表”工作表，以“品名”“数量”“总价”为依据绘制分组柱状图。

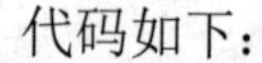

代码如下：

```
import pandas as pd
import matplotlib .pyplot as plt
plt.rcParams['font.sans-serif']=['SimHei']              #设置默认字体
plt.rcParams['axes.unicode_minus']=False                #正常显示负号

stu=pd.read_excel('d:/abc/例题锦集.xlsx',sheet_name='饮料全表')


stu.sort_values(by='数量',inplace=True,ascending=False)  #排序
stu.plot.bar(x='品名',y=['数量','总价'])                  #绘制柱状图
plt.title('饮料销售情况',fontsize=16,fontweight='bold')    #设置图表标题及字号、字体
plt.xlabel('品名',fontweight='bold')                      #设置图表行标题
plt.ylabel('数量/总价',fontweight='bold')                 #设置图表列标题
ax=plt.gca()
ax.set_xticklabels(stu['品名'],rotation=360)              #旋转行标题

plt.show()
```

运行结果如图 4-2-3 所示。

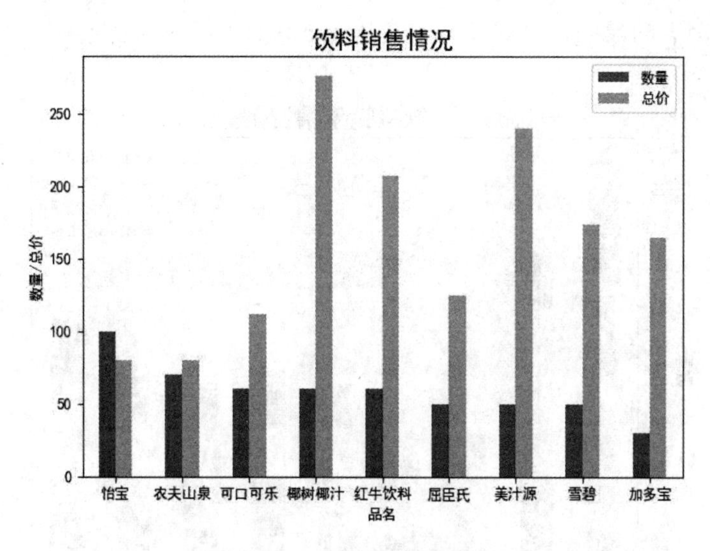

图 4-2-3　分组柱状图

说明：对于多个项目的图表展示可以采用分组柱状图。分组柱状图可以更加方便地对同类数据进行对比，从而更直观地展现希望看到的结果。

本实例中，ascending=False 表示排序方式为从大到小；plt.title()为图表添加标题；rotation=360 为旋转角度。

本实例中不仅展示了不同“品名”的“数量”和“总价”之间的关系，同时加入了图表标题、行标题、列标题、图例等信息，使得图表更完善、更直观、更利于理解。

4.2.3　绘制叠加柱状图

实例 05：将 D:盘 abc 文件夹中的“例题锦集.xlsx”文件打开，同时打开其中的“销售情况”工作表，以“1 月销量”“2 月销量”“3 月销量”“4 月销量”为依据建立叠加柱状图。

代码如下：

```
import pandas as pd
import matplotlib .pyplot as plt
plt.rcParams['font.sans-serif']=['SimHei']                #设置默认字体
plt.rcParams['axes.unicode_minus']=False                  #正常显示负号

stu=pd.read_excel('d:/abc/例题锦集.xlsx',sheet_name="销售情况")

stu.plot.barh(y=['1 月销量','2 月销量','3 月销量','4 月销量'],stacked=True) #建立柱状图

plt.title("饮料销量情况图",fontsize=16,fontweight='bold')         #建立图表标题
plt.ylabel("数量",fontsize=12,fontweight='bold')                  #设置图表 y 轴
ax=plt.gca()
ax.set_xticklabels(stu['品名'],rotation=360)                      #旋转行标题

plt.show()
```

运行结果如图 4-2-4 所示。

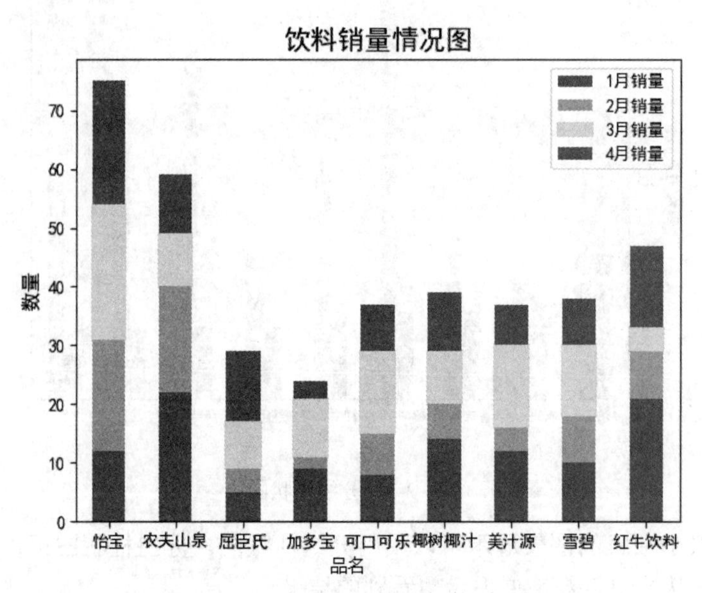

图 4-2-4 叠加柱状图

说明：柱状图的最大特点就是一目了然、清晰可见，而叠加柱状图不仅可以清晰地比较某一个维度数据中不同类型数据之间的差异，同时还可以比较总数的差别，是另一种实用的展示方式，对了解整体数据的差异情况具有不可替代的作用。

本实例中不仅清晰地比较了“品名”列中商品在不同月份的销量情况及其不同月份之间的差异，同时还比较了各个月份总和的差异。同样也可以将图表横向展示，只需要将代码中的 bar 改为 barh 即可得到叠加水平柱状图，如图 4-2-5 所示。

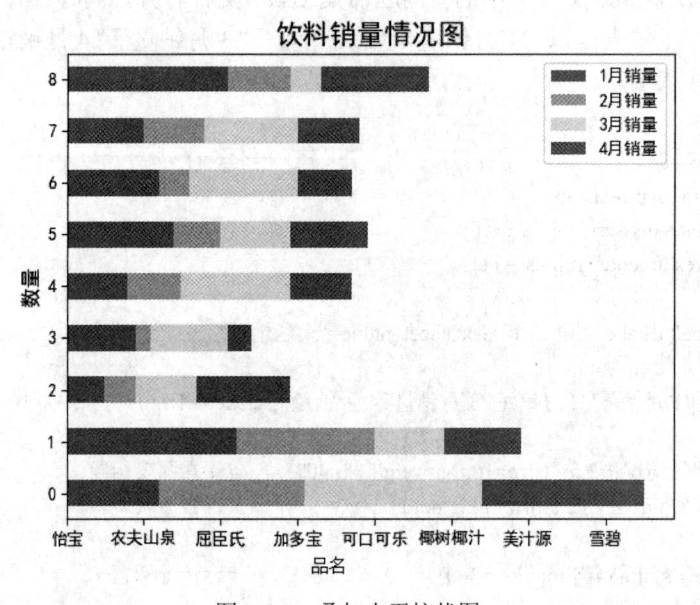

图 4-2-5 叠加水平柱状图

4.3　饼图

饼图是一种圆形统计图形，其将一个圆形按数值比例分为多个切片。在饼图中，每个切片的弧长、圆心角和面积与其表示的量成比例，总数的总和始终等于 100%。饼图中的“饼”是由于其与切成薄片的饼相似而得来的。饼图在不同类型的项目和商业环境中得到了广泛的使用。

4.3.1　绘制普通饼图

实例 06：将 D:盘 abc 文件夹中的“例题锦集.xlsx”文件打开，同时打开其中的“销售情况”工作表，以“1 月销量”为依据绘制饼图。

代码如下：

```
import pandas as pd
import matplotlib .pyplot as plt
plt.rcParams['font.sans-serif']=['SimHei']                #设置默认字体
plt.rcParams['axes.unicode_minus']=False                  #正常显示负号

stu=pd.read_excel('d:/abc/例题锦集.xlsx',sheet_name="销售情况",index_col="品名")

stu['1 月销量'].plot.pie()                                 #绘制饼图

plt.show()
```

运行结果如图 4-3-1 所示。

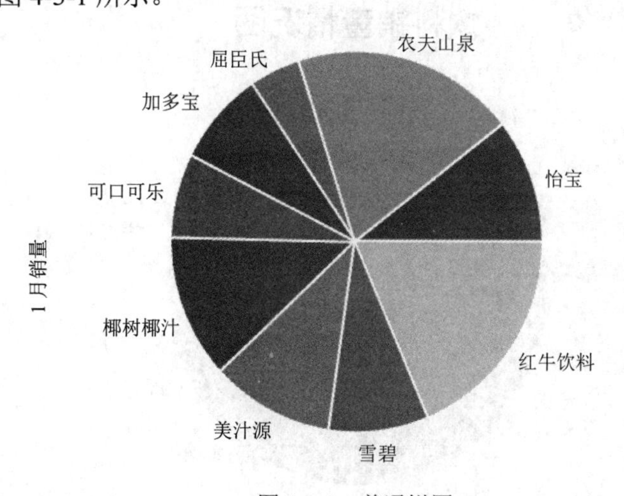

图 4-3-1　普通饼图

说明：饼图在用于对比几个数据在其形成的总和中所占百分比值时最有用。整个“饼”代表总和，每个数据用扇形区域代表。比如：表示不同产品的销售量占总销售量的百分比、各单位的经费占总经费的比例、收集的藏书中每一类占多少等。饼图只能表达一个数据列的情况，由于表达清楚明了，又易学好用，在实际工作中用得比较多。如果需要表达多个系列的数据时，可以用环形图来展示。

本实例中清晰地展示了各个不同“品名”饮料的销量在总销量中所占的份额，可以直观地观察每个“品名”的销售情况，可以据此制定新的营销策略。

4.3.2 饼图优化

实例 07：将 D:盘 abc 文件夹中的“例题锦集.xlsx”文件打开，同时打开其中的“销售情况”工作表，以“1 月销量”为依据绘制饼图并对其进行优化。

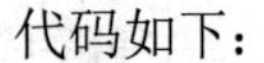

代码如下：

```
import pandas as pd
import matplotlib.pyplot as plt
plt.rcParams['font.sans-serif']=['SimHei']        #设置默认字体
plt.rcParams['axes.unicode_minus']=False       #正常显示负号

stu=pd.read_excel('d:/abc/例题锦集.xlsx',sheet_name="销售情况",index_col="品名")

stu['1 月销量'].plot.pie(fontsize=8,counterclock=False,startangle=-270) #绘制饼图

plt.title("饮料销量情况图",fontsize=20,fontweight='bold')        #加入标题
plt.ylabel('1 月销量',fontsize=14,fontweight='bold')              #重新设置列标题

plt.show()
```

运行结果如图 4-3-2 所示。

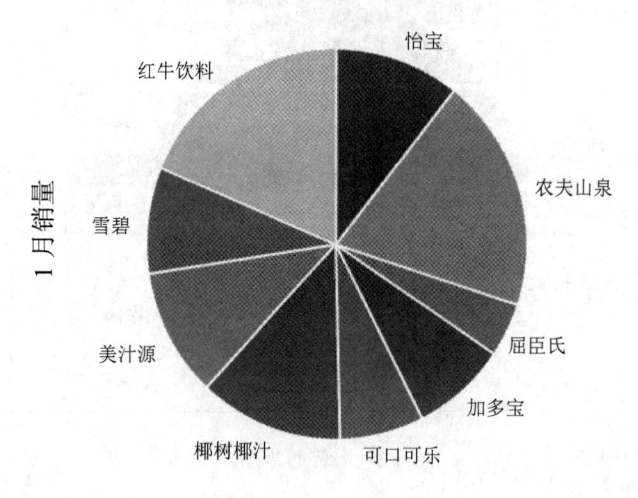

图 4-3-2 优化饼图

说明：本实例对所绘制的饼图进行优化，为其添加标题、列标题等项目，使图表看起来

更方便，也更完整。其中，counterclock=False 表示顺时针，True 表示逆时针（默认），startangle=-270 表示旋转角度。

4.3.3　绘制环形图

实例 08：将 D:盘 abc 文件夹中的“例题锦集.xlsx”文件打开，同时打开其中的“销售报表”工作表，对各种“品名”以“销售数量”为参数绘制环形图。

代码如下：

```
import pandas as pd
import matplotlib.pyplot as plt
plt.rcParams['font.sans-serif']=['SimHei']          #设置默认字体
plt.rcParams['axes.unicode_minus']=False          #正常显示负号

stu=pd.read_excel('D:/abc/例题锦集.xlsx',sheet_name="销售报表")

x=stu['品名']
y=stu['销售数量']
plt.pie(y,labels=x,autopct='%.2f%%',pctdistance=0.85,radius=1.0,labeldistance=1.1, \
wedgeprops={'width':0.3,'linewidth':2,'edgecolor':'white'})          #绘制环形图
plt.title(label='产品销售数量占比图',fontdict={'color':'black', 'size':20},loc='center')

plt.show()
```

运行结果如图 4-3-3 所示。

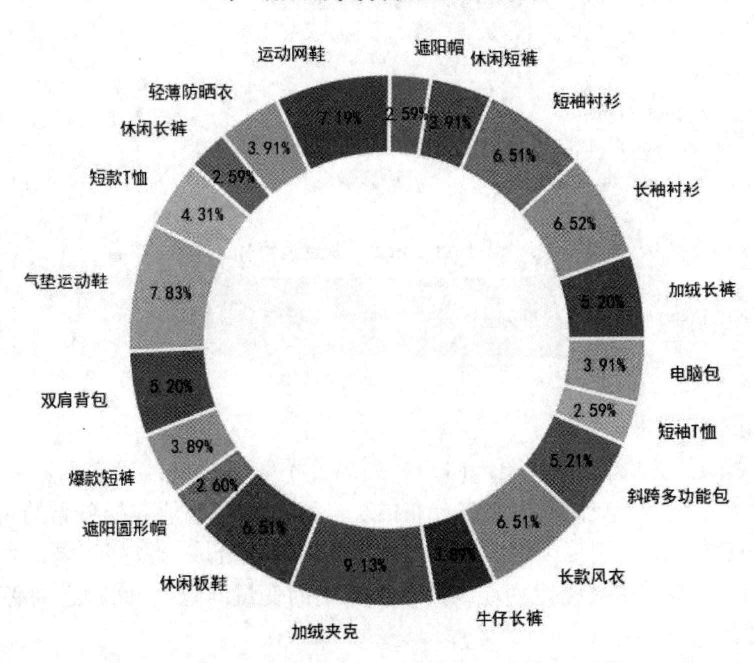

图 4-3-3　环形图

说明：环形图是由两个及两个以上大小不一的饼图叠在一起，挖去中间部分所构成的图形。环形图与饼图类似，但又有区别。环形图中间有一个“空洞”，每个样本用一个环来表示，样本中的每一部分数据用环中的一段表示，因此环形图可显示多个样本各部分相应所占的比例，从而有利于对构成进行比较及研究。

本实例中，autopct='%.2f%%'表示整数百分比取 2 位小数；pctdistance=0.85 用于设置百分数字标签离中心的距离；radius=1.0 表示饼形图的半径大小；labeldistance=1.1 标注离中心的距离；wedgeprops 用来设置图形内外边界的属性，如环的宽度、环边界的颜色和宽度；'width':0.3 设置圆环的宽度；'linewidth':2 设置图像的线粗细；'edgecolor':'white'设置边沿的颜色。

4.4 直方图与密度图

直方图是探索数值型变量分布的方法，例如，单峰分布还是双峰分布，是否接近钟形分布，左偏还是右偏等。在创建直方图之前，首先要了解一个概念：频数表。频数表是给定一个数值变量，将变量的极差（最大值与最小值的差）均匀地分割为多个等距分段，然后统计落入每个分段的数值个数。而直方图是频数表的可视化表达，x 轴是等距，y 轴是频数统计。一般调用 matplotlib.pyplot 的 hist()可以实现直方图。密度图是与直方图密切相关的概念，它用一条连续的曲线表示变量的分布，可以理解为直方图的“平滑版本”。为了实现密度图，需要先创建一个数据框，然后调用 df.plot.density()。

4.4.1 绘制直方图

实例 09：将 D:盘 abc 文件夹中的“例题锦集.xlsx”文件打开，同时打开其中的“服装销售”工作表，以“月销售额”为依据建立直方图。

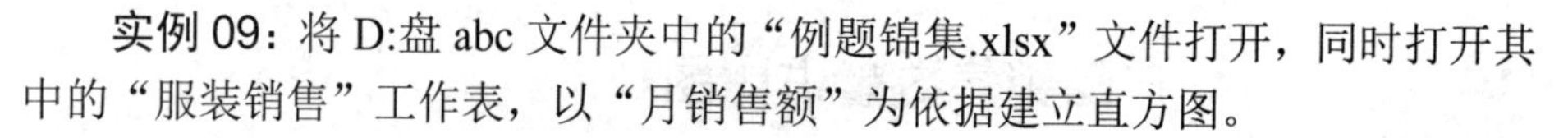

代码如下：

```
import pandas as pd
import matplotlib .pyplot as plt
plt.rcParams['font.sans-serif']=['SimHei']        #设置默认字体
plt.rcParams['axes.unicode_minus']=False        #正常显示负号

stu=pd.read_excel('D:/abc/例题锦集.xlsx',sheet_name="服装销售")

stu.月销售额.plot.hist()        #建立直方图


plt.show()
```

运行结果如图 4-4-1 所示。

说明：直方图是一种统计报告图，由一系列高度不等的纵向线段表示数据分布的情况。一般用 x 轴表示数据类型，y 轴表示数据分布情况。直方图是数值数据分布的精确图形表示。构建直方图，首先需要将值的范围分段，即将整个值的范围分成一系列间隔，然后计算每个间隔中有多少值。这些值通常被指定为连续的、不重叠的变量间隔。 间隔之间必须相邻，并且通常是相等的大小。

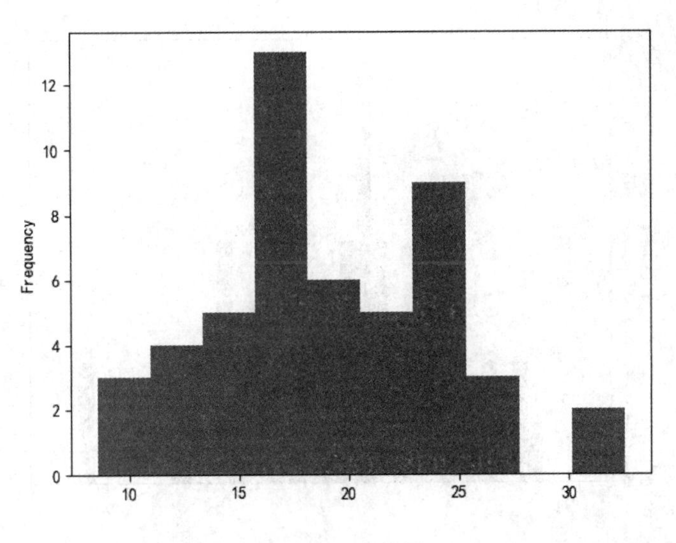

图 4-4-1　直方图

直方图可以很方便地描述数据的平均数、中位数、众数、标准差等指标，从而估算期望实现的目标。同时还可以对数据进行分组，以直方图的形式直观地展示数据。直方图是对值的频率进行离散化显示的柱状图，数据点被拆分到离散的、间隔均匀的图表中，绘制的是各图表中数据点的数量。

直方图的建立需要有大量的数据支撑，抽取的样本数量过小，将会产生较大误差，可信度低，也就失去了统计的意义。本例只是简单介绍直方图的建立过程，不具有实际意义。正常的直方图应该中间高、两边低、左右近似对称。异常的直方图种类则比较多，如孤岛型、双峰型、折齿型、陡壁型、偏态型、平顶型等，由于其不是讨论的重点，这里不作过多说明。

4.4.2　直方图优化

实例 10：将 D:盘 abc 文件夹中的“例题锦集.xlsx”文件打开，同时打开其中的“服装销售”工作表，以“月销售额”为依据建立直方图并对其进行优化。

代码如下：

```
import pandas as pd
import matplotlib .pyplot as plt
plt.rcParams['font.sans-serif']=['SimHei']          #设置默认字体
plt.rcParams['axes.unicode_minus']=False            #正常显示负号

stu=pd.read_excel('D:/abc/例题锦集.xlsx',sheet_name="服装销售")

stu.月销售额.plot.hist(bins=30)                       #建立直方图

plt.xticks(range(5,40,10),fontsize=8,rotation=90)    #设置 x 轴间隔

plt.show()
```

运行结果如图 4-4-2 所示。

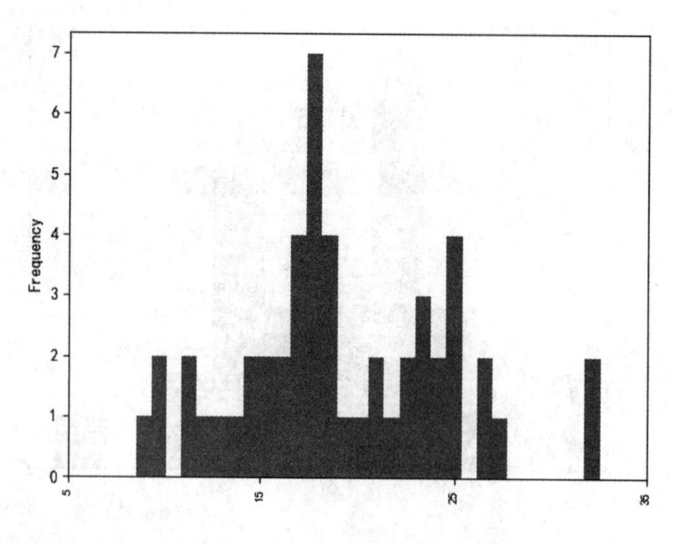

图 4-4-2　优化的直方图

说明：对于处理数据量巨大的直方图而言，实例 09 显然就不太适合了。缺少大数据的支撑，直方图就很难全面地体现数据隐含的规律性。本实例对实例 09 进行了优化，方便大数据的呈现。

同样由于数据量偏小，本例也并不能全面展示直方图的功效。在实际工作中根据具体的、大量的数据才能真正展示直方图的功能。

4.4.3　绘制密度图

实例 11：将 D:盘 abc 文件夹中的“例题锦集.xlsx”文件打开，同时打开其中的“股票数据”工作表，以“最高”为依据建立密度图。本例中需要安装外部库（执行命令 pip install scipy）。

代码如下：

```
import pandas as pd
import matplotlib .pyplot as plt
plt.rcParams['font.sans-serif']=['SimHei']        #设置默认字体
plt.rcParams['axes.unicode_minus']=False      #正常显示负号

stu=pd.read_excel('D:/abc/例题锦集.xlsx',sheet_name="股票数据",index_col='股票名称')

stu.最高.plot.density()            #建立密度图


plt.show()
```

运行结果如图 4-4-3 所示。

说明：数据分布图能够有效反映数据特征，一般用于呈现连续变量，而如果变量是离散变量，密度图则可以通过计算来建立。本实例反映了数据的分布密度。

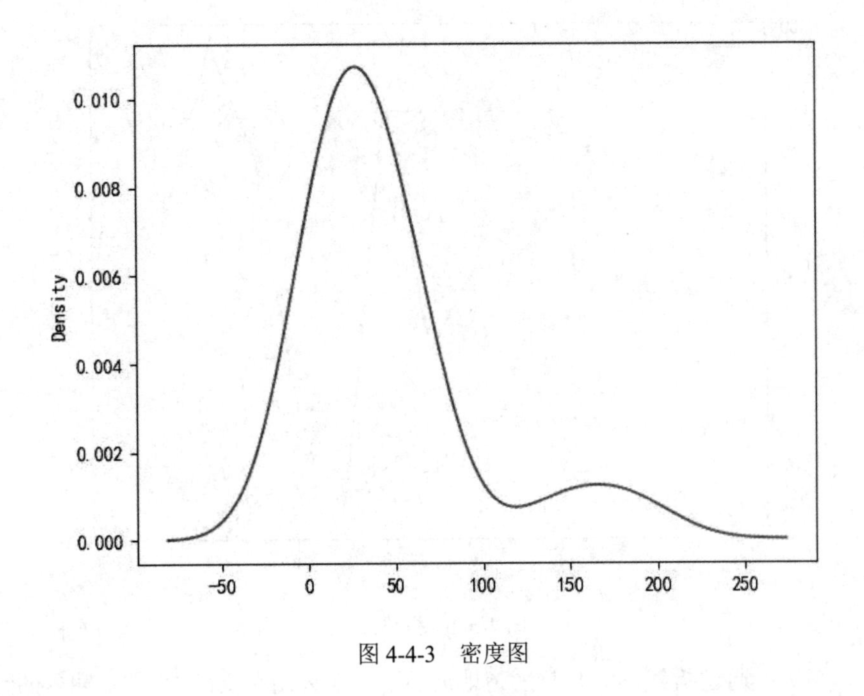

图 4-4-3　密度图

4.5　折线图

折线图用来显示一段时间内数据的变化趋势。例如，数据在一段时间内是呈增长趋势的，在另一段时间内处于下降趋势。通过折线图，我们可以对未来趋势作出预测。如，速度-时间曲线、推力-耗油量曲线、升力系统-马赫数曲线、压力-温度曲线、疲劳强度-转数曲线、传输功率代价-传输距离曲线等，都可以利用折线图来表示。

4.5.1　绘制折线图

实例 12：将 D:盘 abc 文件夹中的“例题锦集.xlsx”文件打开，同时打开其中的“销售数量”工作表，以“农夫山泉”为依据建立折线图。

代码如下：

```
import pandas as pd
import matplotlib .pyplot as plt
plt.rcParams['font.sans-serif']=['SimHei']        #设置默认字体
plt.rcParams['axes.unicode_minus']=False       #正常显示负号

stu=pd.read_excel('d:/abc/例题锦集.xlsx',sheet_name="销售数量")

stu.plot(y='农夫山泉')        #建立折线图

plt.show()
```

运行结果如图 4-5-1 所示。

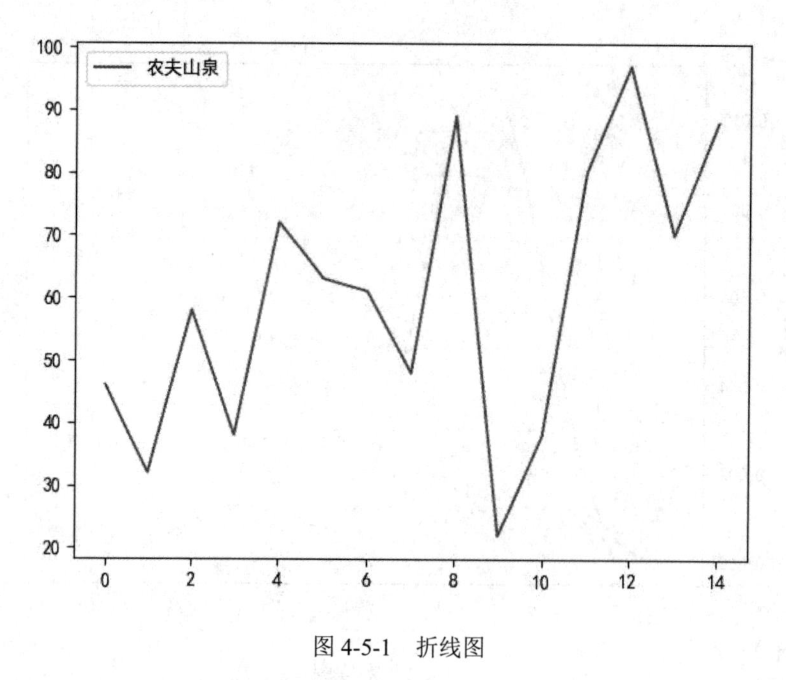

图 4-5-1 折线图

说明：本实例中通过折线图，非常清楚地展示了“农夫山泉”在 15 个星期内的销售情况，由此可了解产品的销售情况及走势，从而可以根据实际销售情况调整营销策略，达到最佳的销售效果。

4.5.2 折线图优化

实例 13：将 D:盘 abc 文件夹中的“例题锦集.xlsx”文件打开，同时打开其中的“销售数量”工作表，以“农夫山泉”为依据建立折线图并对其进行优化。

代码如下：

```
import pandas as pd
import matplotlib .pyplot as plt
plt.rcParams['font.sans-serif']=['SimHei']        #设置默认字体
plt.rcParams['axes.unicode_minus']=False          #正常显示负号

stu=pd.read_excel('d:/abc/例题锦集.xlsx',sheet_name="销售数量")

stu.plot(y=['农夫山泉'])                          #建立折线图

plt.title("饮料销量情况图",fontsize=16,fontweight='bold')        #加入标题
plt.xlabel("时间（周）",fontsize=12,fontweight='bold')           #设置 x 轴
plt.ylabel("销售数量",fontsize=12,fontweight='bold')             #设置 y 轴

plt.show()
```

运行结果如图 4-5-2 所示。

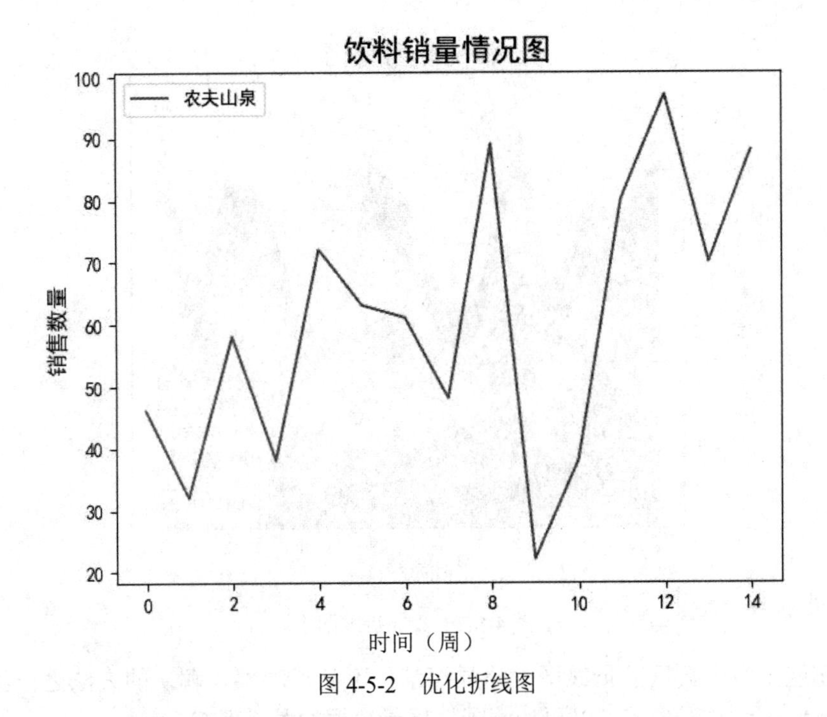

图 4-5-2　优化折线图

说明：本实例对折线图进行了优化，添加了图表标题、数值标题、分类标题等，不仅让图表更加美观，同时也能够让人更加清楚地了解产品的销售信息。

4.5.3　折线图叠加

实例 14：将 D:盘 abc 文件夹中的“例题锦集.xlsx”文件打开，同时打开其中的“销售数量”工作表，以“农夫山泉”“加多宝”“可口可乐”“红牛饮料”为依据建立叠加折线图。

代码如下：

```
import pandas as pd
import matplotlib .pyplot as plt
plt.rcParams['font.sans-serif']=['SimHei']              #设置默认字体
plt.rcParams['axes.unicode_minus']=False                #正常显示负号

stu=pd.read_excel('d:/abc/例题锦集.xlsx',sheet_name="销售数量")

stu.plot.area(y=['农夫山泉','加多宝','可口可乐','红牛饮料'])    #建立折线图

plt.title("饮料销量情况图",fontsize=16,fontweight='bold')      #加入标题
plt.xlabel("时间（周）",fontsize=12,fontweight='bold')          #设置 x 轴
plt.ylabel("销售数量",fontsize=12,fontweight='bold')            #设置 y 轴

plt.show()
```

运行结果如图 4-5-3 所示。

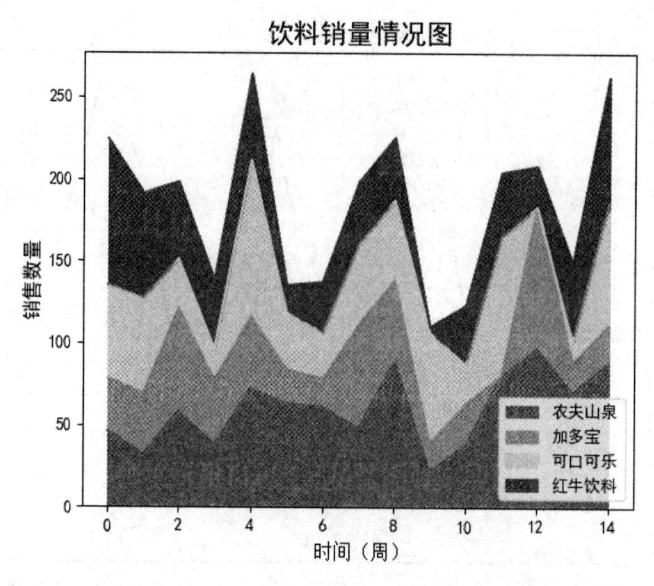

图 4-5-3　叠加折线图

说明：在展示多个数据的折线图时略显混乱，不利于观察，解决的方法之一就是以叠加的方式进行展示。叠加折线图可以更加清晰地展示数据的关系及走向。

从本实例可以看出，叠加折线图比单纯的折线图看起来更清晰，也更好地展示了多种商品的销售情况及走势。

4.5.4　绘制多折线图

实例 15：将 D:盘 abc 文件夹中的“例题锦集.xlsx”文件打开，同时打开其中的“销售数量”工作表，以“农夫山泉”“加多宝”“可口可乐”“红牛饮料”为依据建立多折线图。

代码如下：

```
import ch
ch.set_ch()
import pandas as pd
import matplotlib .pyplot as plt
plt.rcParams['font.sans-serif']=['SimHei']              #设置默认字体
plt.rcParams['axes.unicode_minus']=False                #正常显示负号

stu=pd.read_excel('d:/abc/例题锦集.xlsx',sheet_name="销售数量")

stu.plot(y=['农夫山泉','加多宝','可口可乐','红牛饮料'])          #建立折线图

plt.title("饮料销量情况图",fontsize=16,fontweight='bold')         #加入标题
plt.xlabel("时间（周）",fontsize=12,fontweight='bold')            #设置 x 轴
plt.ylabel("销售数量",fontsize=12,fontweight='bold')              #设置 y 轴

plt.show()
```

运行结果如图 4-5-4 所示。

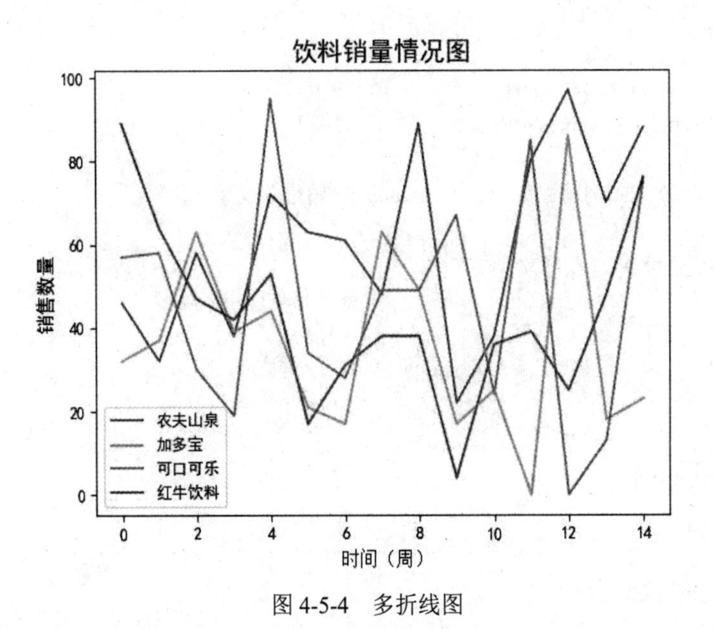

图 4-5-4　多折线图

说明：折线图能够显示数据的变化趋势，反映事物的变化情况。多种数据出现在一个图表中，这就是多折线图。多折线图看起来略显混乱，读者可以对其进行优化，如建立多线折线图、多层折线图等。

4.6　其他常用图表

气泡图是散点图的一种，可以展现 3 个数值变量之间的关系。

雷达图是以从同一点开始的轴上表示 3 个或更多个定量变量的二维图表的形式显示多变量数据的图形方法，轴的相对位置和角度通常是无信息的。

雷达图也称为网络图、星图、蜘蛛网图、不规则多边形图、极坐标图或 Kiviat 图。它相当于平行坐标图，轴径向排列。

面积图强调数量随时间变化的程度，也可用于引起人们对总值趋势的注意。

叠加就是将不同的数据元素重叠放在一起，从而在总体上了解数据的发展状况及发展趋势。股票趋势图是股市当中最常用的一种图表方式，可以根据实际数据的趋势走向进行判断并决定操作途径和方式。

数据透视表是一种交互式的表，可以进行某些计算，如求和与计数等，所进行的计算与数据在数据透视表中的排列有关。

4.6.1　绘制气泡图

实例 16：将 D:盘 abc 文件夹中的“例题锦集.xlsx”文件打开，同时打开其中的“销售额度”工作表，以“月份”为 x 轴，以“销售额”为 y 轴建立气泡图。

代码如下：

```
import pandas as pd
import matplotlib.pyplot as plt
plt.rcParams['font.sans-serif']=['SimHei']              #设置默认字体
plt.rcParams['axes.unicode_minus']=False                #正常显示负号

stu=pd.read_excel('D:/abc/例题锦集.xlsx',sheet_name="销售额度")

size=stu['销售额'].rank()   #先定义气泡大小
n=20                                                    #n 为倍数，用来调节气泡的大小

plt.scatter(stu['月份'],stu['销售额'],s=size*n,alpha=0.6)    #建立气泡图

plt.show()
```

运行结果如图 4-6-1 所示。

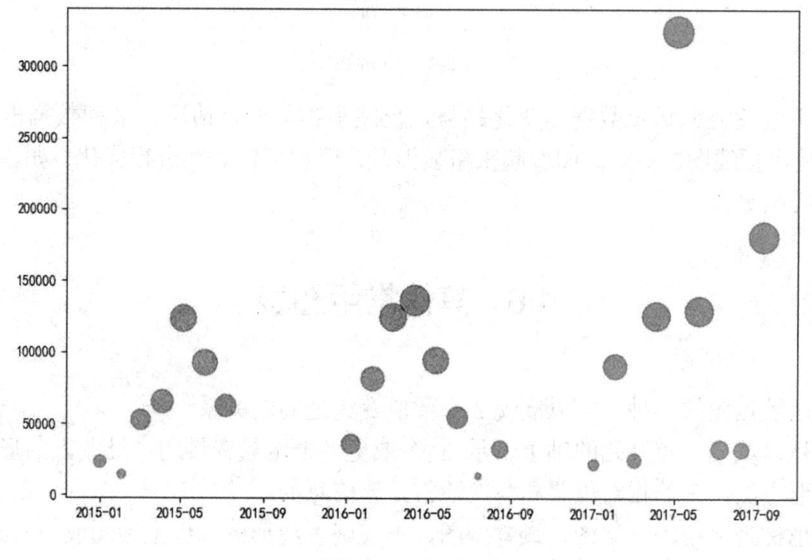

图 4-6-1　气泡图

说明：气泡图与散点图相似，不同之处在于气泡图允许在图表中额外加入一个表示气泡大小的变量。

4.6.2 绘制雷达图

实例 17：将 D:盘 abc 文件夹中的“例题锦集.xlsx”文件打开，同时打开其中的“班级成绩”工作表，以“班级”为依据建立雷达图。

代码如下：

```
import pandas as pd
import numpy as np
import matplotlib.pyplot as plt
df=pd.read_excel('d:\\abc\\例题锦集.xlsx',sheet_name="班级成绩")
```

```
df=df.set_index('科目')                                  #设置行索引

def plot_ldb(data,feature):                             #自定义函数
    plt.rcParams['font.sans-serif']=['SimHei']          #设置默认字体
    plt.rcParams['axes.unicode_minus']=False            #解决坐标轴值为负数时无法正常显示负号的问题
    cols=['语文','数学','外语','物理','化学']             #指定各个班级要显示的各科的名称
    colors=['green','blue','red']                       #为每个班级设置图表中的显示颜色
    angles=np.linspace(0.1*np.pi,2.1*np.pi,len(cols),endpoint=False)  #根据要显示的科目个数对圆形进行等分
    angles=np.concatenate((angles,[angles[0]]))  #连接刻度线数据
    fig=plt.figure(figsize=(8,8))               #设置显示图表的窗口大小
    ax=fig.add_subplot(111,polar=True)          #设置图表在窗口中的显示位置，并设置坐标轴为极坐标体系
    for i,c in enumerate(feature):
        stats=data.loc[c]                               #获取班级对应的科目数据
        stats=np.concatenate((stats,[stats[0]]))        #连接班级的指标数据
        ax.plot(angles,stats,'-',linewidth=6,c=colors[i],label='%s'%(c))  #制作雷达图
        ax.fill(angles,stats,color=colors[i],alpha=0.25)         #为雷达图填充颜色
    ax.legend()                                                  #为雷达图添加图例
    ax.set_xticklabels(close)
    ax.set_yticklabels([])                                       #隐藏坐标轴数据
    plt.show()                                                   #显示制作的雷达图
    return fig
fig=plot_ldb(df,['甲班','乙班','丙班'])                          #调用自定义函数制作雷达图

plt.show()
```

运行结果如图 4-6-2 所示。

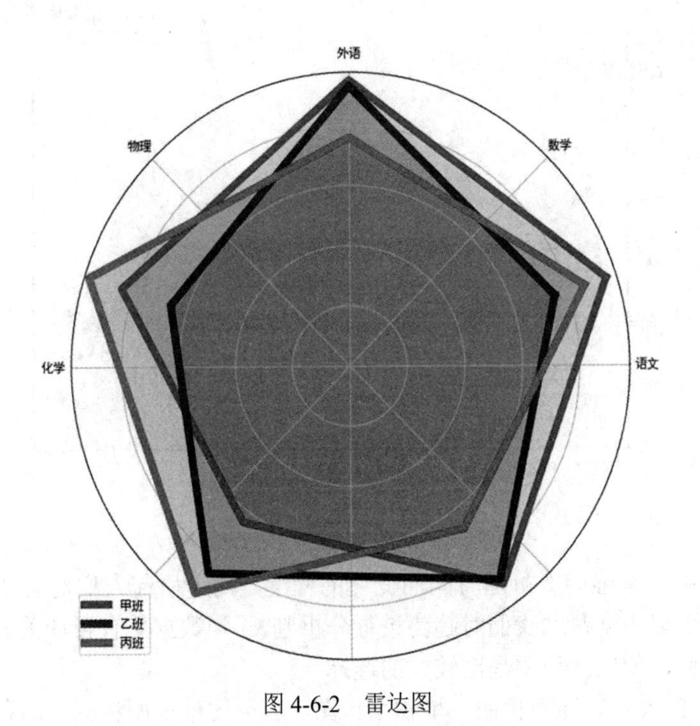

图 4-6-2　雷达图

说明：雷达图是通过多个离散的属性来比较对象之间的差异。由于雷达图所涉及的内容及知识较多，限于篇幅这里不进行展开。Python 代码中常用的 8 种颜色及其缩写分别为 blue(b)、green(g)、red(r)、cyan(c)、magenta(m)、yellow(y)、black(k)、white(w)。

4.6.3 绘制面积图

实例 18：将 D:盘 abc 文件夹中的“例题锦集.xlsx”文件打开，同时打开其中的“销售报表”工作表，以“销售数量”为依据建立面积图。

代码如下：

```
import pandas as pd
import matplotlib.pyplot as plt
plt.rcParams['font.sans-serif']=['SimHei']        #设置默认字体
plt.rcParams['axes.unicode_minus']=False       #解决显示问题

stu=pd.read_excel('D:/abc/例题锦集.xlsx',sheet_name="销售报表")

stu1=pd.DataFrame(stu['销售数量'])

stu1.plot.area(stacked=False)

plt.show()
```

运行结果如图 4-6-3 所示。

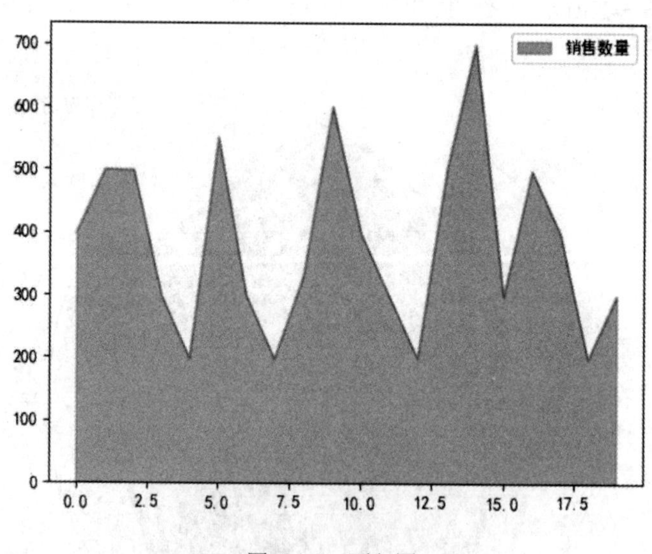

图 4-6-3　面积图

说明：面积图用来强调数量随时间而变化的程度，用于引起人们对总值趋势的注意。折线图和面积图都可以用来帮助我们对趋势进行分析判断，当数据集有合计关系或者要展示局部与整体关系的时候，使用面积图是比较好的选择。

面积图分为 3 类：普通面积图、堆积面积图、百分比堆积面积图。面积图比折线图看起来更加美观，能够突出每个系别所占据的面积，用于把握整体趋势。

本实例给出了随着时间（已排序）的变化，销售数量的变化程度。

4.6.4　绘制叠加区域图

实例 19：将 D:盘 abc 文件夹中的“例题锦集.xlsx”文件打开，同时打开其中的“销售情况”工作表，以“1 月销量”“2 月销量”“3 月销量”“品名”为依据建立叠加区域图。

代码如下：

```
import pandas as pd
import matplotlib.pyplot as plt
plt.rcParams['font.sans-serif']=['SimHei']          #设置默认字体
plt.rcParams['axes.unicode_minus']=False        #正常显示负号

stu=pd.read_excel('d:\\abc\\例题锦集.xlsx',sheet_name="销售情况",index_col="品名")

stu.plot.area(y=['1 月销量','2 月销量','3 月销量'])   #建立叠加区域图

plt.title('月份销售情况',fontsize=16,fontweight='bold')
plt.ylabel('总量',fontsize=12,fontweight='bold')

plt.show()
```

运行结果如图 4-6-4 所示。

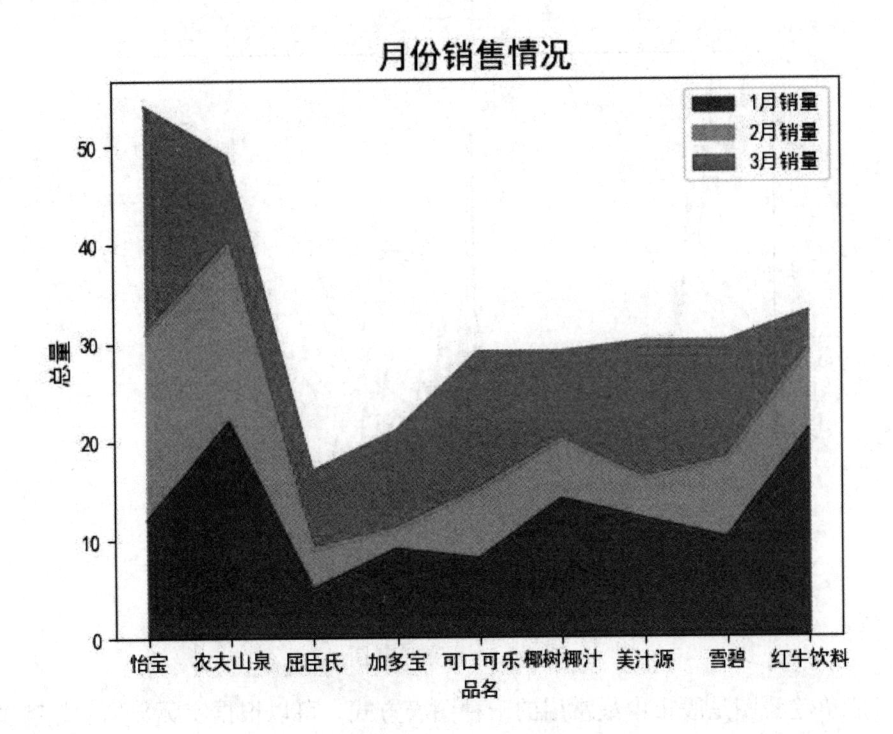

图 4-6-4　叠加区域图

说明：叠加就是将不同的数据元素重叠放在一起，从而在总体上了解数据的发展状况及发展趋势。

本实例中以“1 月销量”“2 月销量”“3 月销量”“品名”为依据建立叠加区域图，不仅可以从图表中了解各个月份的销售情况，同时也能全面了解销售的“总量”情况，从而能够掌握全局。

4.6.5 绘制股票趋势图

实例 20：通过 Tushare 输出代码为“300111”（向日葵）的股票在 2009 年 1 月之后的股价变化趋势图表。

代码如下：

```
import pandas as pd
import tushare as ts                                    #调用财经数据接口包
import matplotlib.pyplot as plt

frame=ts.get_k_data('300111',start='2009-01-01')     #查询“向日葵”股票信息
frame=frame.set_index('date')                           #为日期设置索引
frame.index=pd.to_datetime(frame.index)                 #获取指定的日期
plt.plot(frame['close'])                                #绘制基础走势图

plt.show()
```

运行结果如图 4-6-5 所示。

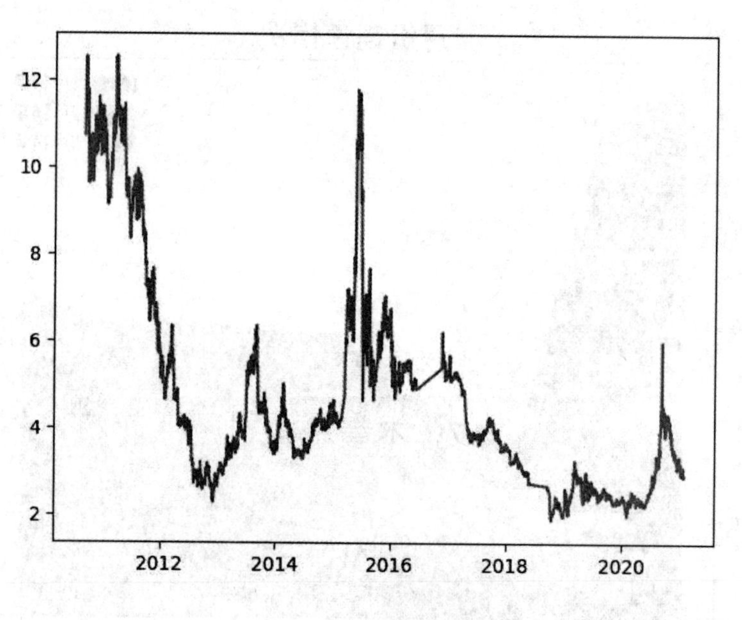

图 4-6-5　股票趋势图

说明：股票趋势图是股市中最常用的一种图表方式，可以根据实际数据的趋势及走向判断并决定操作途径和方式。本实例需要安装 Tushare 第三方库。

Tushare 是一个免费、开源的 Python 财经数据接口包。Tushare 返回的绝大部分的数据格式都是 pandas DataFrame 类型，便于用 pandas、numPy、matplotlib 进行数据分析和可视化。本实例中展示的是股票“向日葵”在 2009 年 1 月之后的股价走势图。

4.6.6　制作数据透视表

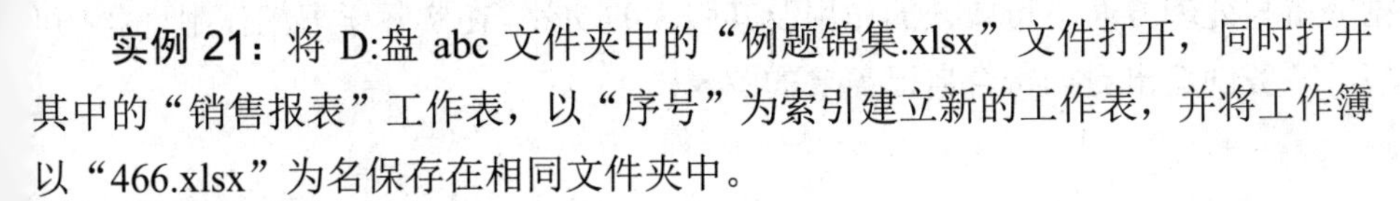

实例 21：将 D:盘 abc 文件夹中的“例题锦集.xlsx”文件打开，同时打开其中的“销售报表”工作表，以“序号”为索引建立新的工作表，并将工作簿以“466.xlsx”为名保存在相同文件夹中。

代码如下：

```
import pandas as pd
import numpy as np

stu=pd.read_excel('D:/abc/例题锦集.xlsx',sheet_name="销售报表",index_col='序号')
stu['Year']=pd.DatetimeIndex(stu['销售日期']).year

pt1=stu.pivot_table(index='类别',columns='Year',values='销售数量',aggfunc=np.sum)

pt1.to_excel('d:/abc/466.xlsx')  #写入 Excel 文件中
```

运行结果如图 4-6-6 所示。

A1　类别

	A	B	C	D	E	F
1	类别	2015	2016	2017	2018	
2	上衣	1296	330	699	696	
3	帽子	198		199		
4	背包		398		698	
5	裤子	697	198	596		
6	鞋类	550	599	498		
7						

图 4-6-6　数据透视表

4.7　本章总结

本章以 Excel 承载的数据为依据，通过 Python 语言的操控，分别介绍了柱状图、条形图、饼图、环形图、散点图、气泡图、面积图、叠加区域图、折线图、股票趋势图、密度图、直方图、雷达图、多折线图以及数据透视表的图表制作过程，全面介绍了图表在大数据直观展示方面的作用。通过本章学习，可以充分体会数据的自动化处理给我们带来的巨大收获。看似杂乱无章的数据，经过简单的图表自动化处理，我们可以发现其中隐含的规律，从而提高对这个世界的认知，同时也可以协助我们对未来事物的发展趋势做出预判，加强行为的主动性。可以说，数据可视化对认识世界具有重大的作用。它既可以应用于日常工作中的数据处理，同时也可以在科学技术研究中发挥不可限量的作用。

本章对图表的建立做出了比较全面的介绍。当然图表的形式及内涵远不止于此，鉴于篇幅有限，更丰富、更具体、更完善的展示不方便全面展开。通过本章的学习，相信读者能够领悟到图表在数据分析与处理方面不可或缺的作用及其强大的功效。在实际学习工作中，读者可根据具体的环境、事务创造出更加符合自己需要的图表。

第 5 章　Python 第三方库

Python 的特点就是具有众多的第三方库，也称为外部库。利用第三方库可以更高效率地实现程序开发。本章经过整理与比对梳理了相关的常用第三方库，对其中重要的及常用的第三方库，例如，xlrd 库、xlwt 库、xlutils 库、xlwings 库、pandas 库、openpyxl 库、matplotlib.pyplot 库和 numpy 库，都给出了相应的详细介绍与功能展示。

5.1　xlrd 库——快速读取 Excel 文件包

在 Python 中，xlrd 库是一个很常用的读取 Excel 文件的库，其对 Excel 文件的读取可以实现比较精细的控制。虽然现在使用 pandas 库读取和保存 Excel 文件往往更加方便快捷，但在某些场景下，依然需要 xlrd 这种更底层的库来实现对读取的控制。

xlrd 第三方库主要用来读取 Excel 电子表格，也可以实现指定表单、指定单元格的读取，读取文件的格式只支持.xls 格式。

5.1.1　获取所有工作表名称

实例 01：打开 D:盘 abc 文件夹下的工作簿“饮料销售情况.xls”，输出所有工作表名称。

代码如下：

```
import xlrd
data = xlrd.open_workbook('d://abc//饮料销售情况.xls')  #打开文件
sheet_name = data.sheet_names()                          #获取所有工作表名称
print(sheet_name)                                        #输出所有工作表名称
```

运行结果如下：

```
['sheet1', 'sheet2']
>>> |
```

5.1.2　根据下标获取工作表名称

实例 02：打开 D:盘 abc 文件夹下的工作簿“饮料销售情况.xls”，输出指定的工作表名称。

代码如下：

```
import xlrd
data = xlrd.open_workbook('d://abc//饮料销售情况.xls')   #打开文件
sheet_name = data.sheet_names()[1]                        #打开工作表
print(sheet_name)                                         #输出工作表名称
```

运行结果如下：

```
sheet2
>>> |
```

5.1.3 输出工作表名称、行数和列数

实例 03：打开 D:盘 abc 文件夹下的工作簿“饮料销售情况.xls”及指定工作表，输出工作表名称、工作表中的行数和列数。

代码如下：

```
import xlrd
data = xlrd.open_workbook('d://abc//饮料销售情况.xls')  #打开文件
sheet= data.sheet_by_index(0)                          #打开工作表
print(sheet.name)                                      #输出工作表名称
print(sheet.nrows)                                     #输出工作表的行数
print(sheet.ncols)                                     #输出工作表的列数
```

运行结果如下：

```
sheet1
10
6
>>> |
```

5.1.4 根据工作表名称获取整行和整列的值

实例 04：打开 D:盘 abc 文件夹下的工作簿“饮料销售情况.xls”及指定工作表，输出工作表中指定行数的内容和指定列数的内容。

代码如下：

```
import xlrd
data = xlrd.open_workbook('d://abc//饮料销售情况.xls')     #打开文件
sheet = data.sheet_by_name('sheet1')                      #打开工作表
print(sheet.row_values(3))                                #输出整行信息
print(sheet.col_values(3))                                #输出整列信息
```

运行结果如下：

```
['屈臣氏', '瓶', 2.5, '400ml', 50.0, 125.0]
['容量', '350ml', '380ml', '400ml', '500ml', '330ml', '245ml
', '330ml', '330ml', '250ml']
>>> |
```

5.1.5 获取指定单元格的内容

实例 05：打开 D:盘 abc 文件夹下的工作簿“饮料销售情况.xls”及指定工作表，输出工作表中指定单元格的内容。

代码如下：

```
import xlrd
data = xlrd.open_workbook('d://abc//饮料销售情况.xls')     #打开文件
sheet = data.sheet_by_name('sheet1')                      #打开工作表
print(sheet.cell(1,0).value)              #输出指定单元格的内容
print(sheet.cell_value(1,0))              #输出指定单元格的内容
print(sheet.row(1)[0].value)              #输出指定单元格的内容
```

运行结果如下：

```
怡宝
怡宝
怡宝
>>> |
```

5.1.6　获取单元格内容的数据类型

实例 06：打开 D:盘 abc 文件夹下的工作簿“饮料销售情况.xls”及指定工作表，输出工作表中指定单元格的数据类型。

代码如下：

```
import xlrd
data = xlrd.open_workbook('d://abc//饮料销售情况.xls')  #打开文件
sheet = data.sheet_by_name('sheet1')                    #打开工作表
print(sheet.cell(1,0).ctype)                      #输出单元格内容的数据类型
print(sheet.cell(3,4).ctype)                      #输出单元格内容的数据类型
```

运行结果如下：

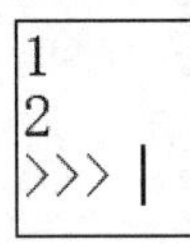

说明：运行结果中，0 代表 empty；1 代表 string；2 代表 number；3 代表 date；4 代表 boolean；5 代表 error。

5.1.7　xlrd 命令汇总

1．打开工作表

（1）table = data.sheets()[0]，通过工作表中的自然顺序将其打开。

例如：

```
import xlrd
data=xlrd.open_workbook(r"d:\abc\饮料销售情况.xls")
table=data.sheets()[0]
```

（2）table = data.sheet_by_index(sheet_index)，通过工作表中的索引顺序将其打开。

例如：

```
import xlrd
data=xlrd.open_workbook(r"d:\abc\饮料销售情况.xls")
table=data.sheet_by_index(0)
```

（3）table = data.sheet_by_name(sheet_name)，通过工作表的名称将其打开。

例如：

```
import xlrd
data=xlrd.open_workbook(r"d:\abc\饮料销售情况.xls")
table=data.sheet_by_name('sheet1')
```

（4）names = data.sheet_names()，返回工作簿中所有工作表的名字。

例如：

```
import xlrd
data=xlrd.open_workbook(r"d:\abc\饮料销售情况.xls")
names=data.sheet_names()
```

（5）data.sheet_loaded(sheet_name or index)，检查某个工作表是否导入完毕。

例如：

```
import xlrd
data=xlrd.open_workbook(r"d:\abc\饮料销售情况.xls")
table=data.sheets()[0]
print(data.sheet_loaded('sheet1'))
```

2. 有关行的操作

（1）nrows = table.nrows，获取工作表中的有效行数。

例如：

```
import xlrd
data=xlrd.open_workbook(r"d:\abc\饮料销售情况.xls")
table=data.sheets()[0]
nrows=table.nrows
print(nrows)
```

（2）table.row(rowx)，返回工作表中某行所有的单元格对象组成的列表。

例如：

```
import xlrd
data=xlrd.open_workbook(r"d:\abc\饮料销售情况.xls")
table=data.sheets()[0]
print(table.row(1))
```

（3）table.col_slice(rowx)，返回工作表中某列所有的单元格对象组成的列表。

例如：

```
import xlrd
data=xlrd.open_workbook(r"d:\abc\饮料销售情况.xls")
table=data.sheets()[0]
print(table.col_slice(1))
```

（4）table.row_types(rowx,start_colx=0,end_colx=None)，返回工作表中某行所有单元格的数据类型组成的列表。

例如：

```
import xlrd
data=xlrd.open_workbook(r"d:\abc\饮料销售情况.xls")
table=data.sheets()[0]
print(table.row_types(1,start_colx=0,end_colx=None))
```

执行该代码返回的结果意义说明如下：1 代表文本型；2 代表数值型；0 代表没有数据。

（5）table.row_len(rowx)，返回工作表中某行的有效单元格长度。

例如：

```
import xlrd
data=xlrd.open_workbook(r"d:\abc\饮料销售情况.xls")
table=data.sheets()[0]
print(table.row_len(1))
```

3．有关列的操作

（1）ncols = table.ncols，获取工作表中的有效列数。

例如：

```
import xlrd
data=xlrd.open_workbook(r"d:\abc\饮料销售情况.xls")
table=data.sheets()[0]
ncols=table.ncols
print(ncols)
```

（2）table.col(colx, start_rowx=0, end_rowx=None)，返回工作表中某行所有的单元格对象组成的列表。

例如：

```
import xlrd
data=xlrd.open_workbook(r"d:\abc\饮料销售情况.xls")
table=data.sheets()[0]
print(table.col(1,start_rowx=0,end_rowx=None))
```

（3）table.col_slice(colx, start_rowx=0, end_rowx=None)，返回工作表中某列所有的单元格对象组成的列表。

例如：

```
import xlrd
data=xlrd.open_workbook(r"d:\abc\饮料销售情况.xls")
table=data.sheets()[0]
print(table.col_slice(1,start_rowx=0,end_rowx=None))
```

（4）table.col_types(colx, start_rowx=0, end_rowx=None)，返回工作表中某列所有单元格的数据类型组成的列表。

例如：

```
import xlrd
data=xlrd.open_workbook(r"d:\abc\饮料销售情况.xls")
table=data.sheets()[0]
print(table.col_types(1,start_rowx=0,end_rowx=None))
```

（5）table.col_values(colx, start_rowx=0, end_rowx=None)，返回工作表中某列所有单元格的数据组成的列表。

例如：

```
import xlrd
data=xlrd.open_workbook(r"d:\abc\饮料销售情况.xls")
table=data.sheets()[0]
print(table.col_values(1,start_rowx=0,end_rowx=None))
```

4．有关单元格的操作

（1）table.cell(rowx,colx)，返回工作表中的单元格对象。

例如：

```
import xlrd
data=xlrd.open_workbook(r"d:\abc\饮料销售情况.xls")
table=data.sheets()[0]
print(table.cell(2,3))
```

（2）table.cell_type(rowx,colx)，返回工作表中单元格的数据类型。

例如：

```
import xlrd
data=xlrd.open_workbook(r"d:\abc\饮料销售情况.xls")
table=data.sheets()[0]
print(table.cell_type(2,3))
```

（3）table.cell_value(rowx,colx)，返回工作表中单元格的数据。

例如：

```
import xlrd
data=xlrd.open_workbook(r"d:\abc\饮料销售情况.xls")
table=data.sheets()[0]
print(table.cell_value(2,3))
```

5.2 xlwt 库——快速写入 Excel 文件包

xlrd 第三方库实现对 Excel 文件的读取，xlwt 第三方库实现对 Excel 文件内容的写入。

xlwt 是 Python 用来在 Excel 中写入数据和格式化数据的工具包。其可以实现创建表单、写入指定单元格、指定单元格样式等人工实现的功能，保存的文件格式只支持.xls 格式。

5.2.1 写入数据

实例 07：创建工作簿及工作表，将工作表命名为“第 5 章”，在指定单元格中输入“星期一”，将工作簿以“521.xls”为名进行保存。

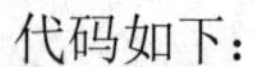

代码如下：

```
import xlwt
workbook = xlwt.Workbook()                        #创建工作簿
worksheet = workbook.add_sheet('第 5 章')         #创建工作表
worksheet.write(0, 0,'星期一')                    #添加数据
workbook.save(r'd:\abc\521.xls')                  #保存文件
```

运行结果如图 5-2-1 所示。

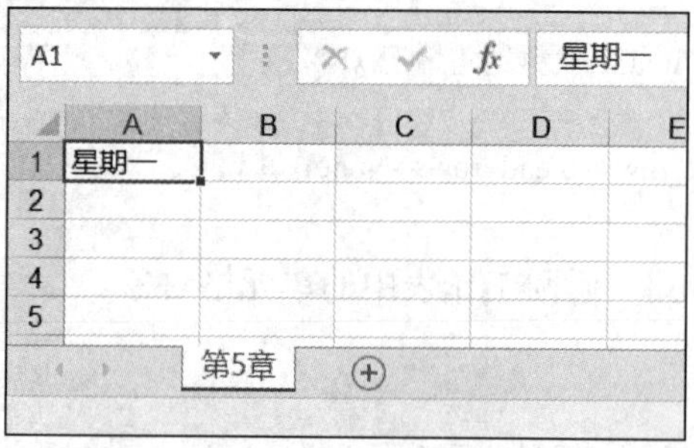

图 5-2-1 运行结果

5.2.2 设置单元格宽度

实例 08：创建工作簿及工作表，对指定单元格设置宽度，将工作簿以“522.xls”为名进行保存。

代码如下：

```
import xlwt
workbook = xlwt.Workbook()                    #创建工作簿
worksheet = workbook.add_sheet('第 5 章')     #创建工作表
worksheet.write(0, 0,'星期一')                #添加数据

worksheet.col(0).width = 3333                 #设置单元格宽度

workbook.save(r'd:\abc\522.xls')              #保存文件
```

运行结果如图 5-2-2 所示。

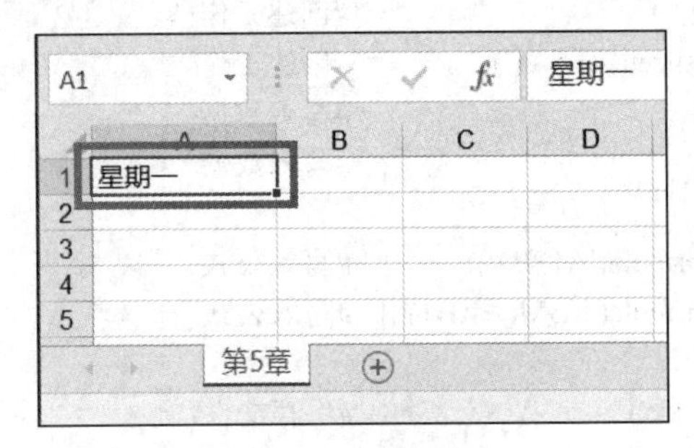

图 5-2-2 运行结果

5.2.3 在单元格中输入日期

实例 09：创建工作簿及工作表，在指定单元格中输入日期，将工作簿以“523.xls”为名进行保存。

代码如下：

```
import xlwt
import datetime
workbook=xlwt.Workbook()                                  #创建工作簿
worksheet=workbook.add_sheet('第 5 章')                   #创建工作表
style=xlwt.XFStyle()                                      #初始化样式
style.num_format_str = 'M/D/YY'                           #设置时间格式

worksheet.write(0,0,datetime.datetime.now(),style)        #添加数据

workbook.save(r'd:\abc\523.xls')                          #保存文件
```

运行结果如图 5-2-3 所示。

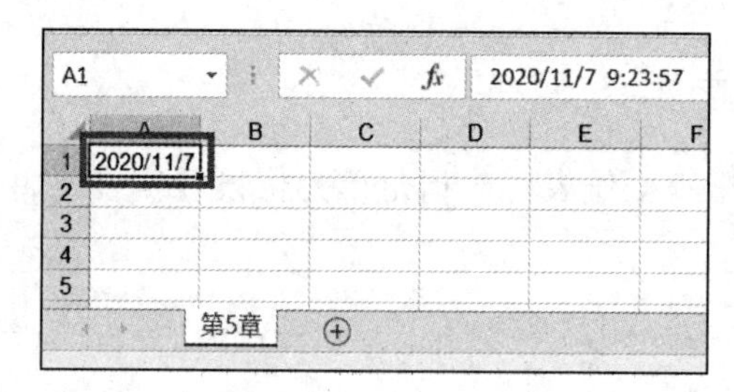

图 5-2-3　运行结果

5.2.4　向单元格添加一个公式

实例 10：创建工作簿及工作表，在指定单元格中输入公式，将工作簿以“524.xls”为名进行保存。

代码如下：

```
import xlwt
workbook=xlwt.Workbook()                                 #创建工作簿
worksheet=workbook.add_sheet('第 5 章')                  #创建工作表
worksheet.write(0,0,5)                                   #写入数据
worksheet.write(0,1,2)                                   #写入数据

worksheet.write(1,0,xlwt.Formula('A1*B1'))               #写入公式
worksheet.write(1,1,xlwt.Formula('SUM(A1,B1)'))          #写入公式

workbook.save(r'd:\abc\524.xls')                         #保存文件
```

运行结果如图 5-2-4 所示。

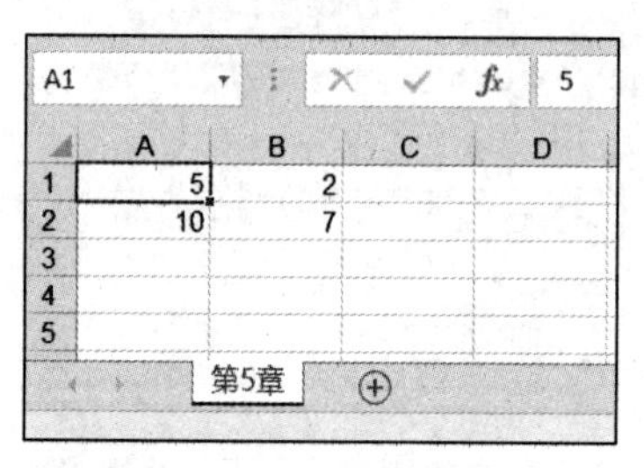

图 5-2-4　运行结果

5.2.5　在单元格中添加超链接

实例 11：创建工作簿及工作表，在指定单元格中添加超链接，将工作簿以“525.xls”为名进行保存。

代码如下：

```
import xlwt
workbook=xlwt.Workbook()                            #创建工作簿
worksheet=workbook.add_sheet('第 5 章')             #创建工作表
worksheet.write(0,0,xlwt.Formula('HYPERLINK("http://www.baidu.com";"baidu")')) #添加超链接

workbook.save(r'd:\abc\525.xls')                    #保存文件
```

运行结果如图 5-2-5 所示。

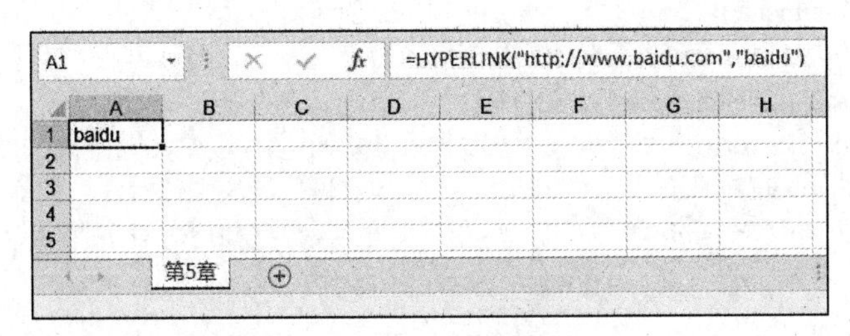

图 5-2-5　运行结果

5.2.6　合并工作表中的单元格

实例 12：创建工作簿及工作表，合并指定的单元格，将工作簿以“526.xls”为名进行保存。

代码如下：

```
import xlwt
workbook=xlwt.Workbook()                        #创建工作簿
worksheet=workbook.add_sheet('第 5 章')         #创建工作表

worksheet.write_merge(0,0,0,3,'第 1 节')        #合并单元格
worksheet.write_merge(2,4,2,4,'第 2 节')        #合并单元格

workbook.save(r'd:\abc\526.xls')
```

运行结果如图 5-2-6 所示。

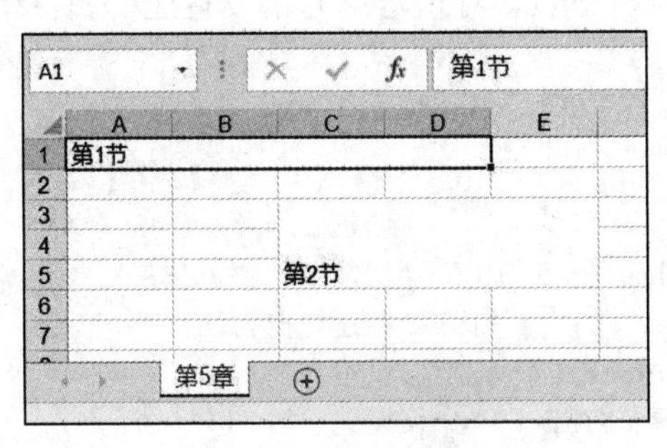

图 5-2-6　运行结果

说明：合并单元格语句 merge(2,4,2,4,'第 2 节')中的参数（2,4,2,4）分别为起始行、结束行、开始列、结束列。

5.2.7　设置单元格内容的对齐方式

实例 13：创建工作簿及工作表，对指定单元格设置对齐属性，将工作簿以“527.xls”为名进行保存。

代码如下：

```
import xlwt
workbook=xlwt.Workbook()                                    #创建工作簿
```

```
worksheet=workbook.add_sheet('第 5 章')                #创建工作表
alignment=xlwt.Alignment()                             #创建对齐属性
alignment.horz=xlwt.Alignment.HORZ_CENTER              #设置水平居中
alignment.vert=xlwt.Alignment.VERT_CENTER              #设置垂直居中
style=xlwt.XFStyle()                                   #初始化样式
style.alignment=alignment                              #将设置好的属性对象赋值给 style 对应的属性
worksheet.write(0,0,'第 1 节',style)                   #输入数据并使用 style 对象

workbook.save(r'd:\abc\527.xls')
```

运行结果如图 5-2-7 所示。

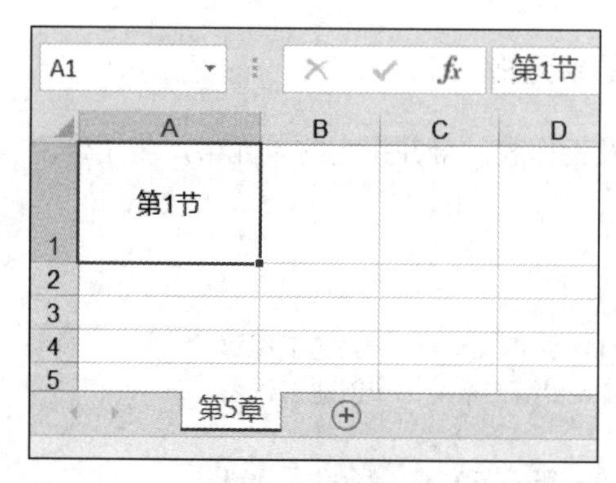

图 5-2-7　运行结果

5.2.8　添加单元格边框

实例 14：创建工作簿及工作表，对指定单元格设置边框属性，将工作簿以“528.xls”为名进行保存。

代码如下：

```
import xlwt
workbook=xlwt.Workbook()                       #创建工作簿
worksheet=workbook.add_sheet('第 5 章')        #创建工作表
borders=xlwt.Borders()                         #创建边框属性
borders.left=xlwt.Borders.DASHED               #设置虚线
borders.right=xlwt.Borders.DASHED              #设置虚线
borders.top=xlwt.Borders.DASHED                #设置虚线
borders.bottom=xlwt.Borders.DASHED             #设置虚线
style=xlwt.XFStyle()                           #初始化样式
style.borders=borders                          #添加边框
worksheet.write(1,1,'第 1 节',style)           #输入数据并使用 style 对象

workbook.save(r'd:\abc\528.xls')
```

运行结果如图 5-2-8 所示。

说明：xlwt.Borders.DASHED 中的 DASHED 代表虚线，若 DASHED 为 NO_LINE 代表没有线，若 DASHED 为 THIN 代表实线。

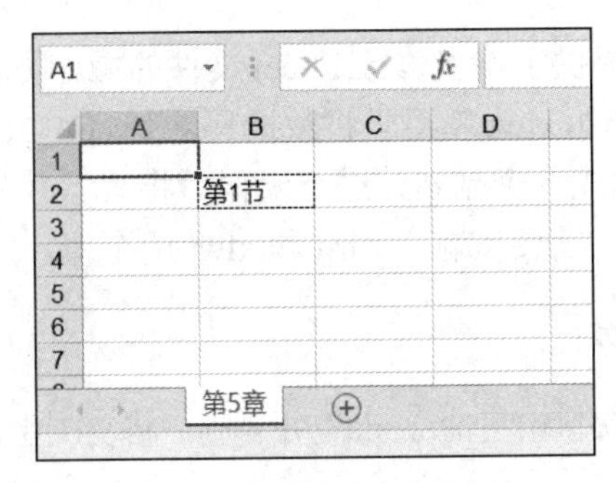

图 5-2-8　运行结果

5.2.9　设置单元格背景色

实例 15：创建工作簿及工作表，对指定单元格设置背景色，将工作簿以“529.xls”为名进行保存。

代码如下：

```
import xlwt
workbook=xlwt.Workbook()                         #创建工作簿
worksheet=workbook.add_sheet('第 5 章')          #创建工作表
pattern=xlwt.Pattern()                           #创建背景属性
pattern.pattern=xlwt.Pattern.SOLID_PATTERN       #设置模式
pattern.pattern_fore_colour=5                    #设置颜色
style=xlwt.XFStyle()                             #初始化样式
style.pattern=pattern                            #将设置好的属性对象赋值给 style 对应的属性
worksheet.write(1,1,'第 1 节',style)             #输入数据并使用 style 对象

workbook.save(r'd:\abc\529.xls')
```

运行结果如图 5-2-9 所示。

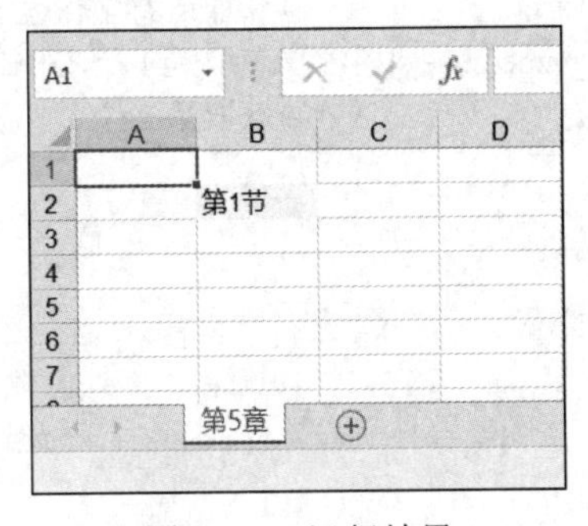

图 5-2-9　运行结果

说明：在语句 pattern_fore_colour=5 中，5 代表颜色，该值与颜色的对应关系为 1=White、2=Red、3=Green、4=Blue、5=Yellow、6=Magenta。

5.3　xlutils 库——保留原有格式读取 Excel 文件包

xlutils 是一个处理 Excel 文件的第三方库，应用时依赖于 xlrd 库和 xlwt 库。

xlutils 仅支持.xls 文件，提供了许多修改 Excel 文件的操作方法，属于 Python 的第三方库。

xlrd 库用于读取 Excel 文件，xlwt 库用于将数据写入 Excel 文件，而 xlutils 库用于修改 Excel 文件。xlutils 库是通过复制生成一个副本，进行操作后将其保存为一个新文件，其类似于 xlrd 库和 xlwt 库之间的一座桥梁，需要依赖于 xlrd 和 xlwt 两个库。

5.3.1 对源文件进行备份

实例 16：打开工作簿“饮料销售情况.xls”并复制，将复制生成的新工作簿以“531.xls”为名进行保存。

代码如下：

```
import xlrd
from xlutils.copy import copy
workbook=xlrd.open_workbook(r'd:\abc\饮料销售情况.xls')   #打开工作簿

new_workbook=copy(workbook)          #复制

new_workbook.save(r'd:\abc\531.xls')   #保存工作簿
```

运行结果：（略）。

说明：注意此实例中保存的文件扩展名为.xls。

5.3.2 获取工作簿信息

实例 17：打开工作簿“饮料销售情况.xls”，获取工作簿中所有工作表的名字、第 1 个工作表的名称及其中数据的行数。

代码如下：

```
import xlrd
workbook = xlrd.open_workbook(r'd:\abc\饮料销售情况.xls')   #打开工作簿
sheets = workbook.sheet_names()                    #获取所有工作表名称并形成列表元素
worksheet = workbook.sheet_by_name(sheets[0])      #获取第 1 个工作表
rows_old = worksheet.nrows                         #获取第 1 个工作表中数据的行数
print("工作表的列标签为：")
print(sheets)
print()
print("工作表的名称为：",end="")
print(sheets[0])
print()
print("工作表的行数为：",end="")
print(worksheet.nrows)
```

运行结果如下：

```
工作表的列标签为：
['sheet1', 'Sheet2']

工作表的名称为：sheet1

工作表的行数为：10
>>> |
```

5.3.3　复制后修改文件内容

实例 18：打开工作簿“饮料销售情况.xls”，先复制生成一个新的工作簿，并修改新工作簿中第 1 个工作表中的内容，将新的工作簿以“533.xls”为名进行保存。

代码如下：

```
import xlrd
import xlwt
from xlutils.copy import copy
old_excel = xlrd.open_workbook(r'd:\abc\饮料销售情况.xls')
new_excel = copy(old_excel)              #复制工作表
ws = new_excel.get_sheet(0)              #获取第 1 个工作表
ws.write(0, 0, '第 1 行,第 1 列')          #写入数据
ws.write(0, 1, '第 1 行,第 2 列')
ws.write(0, 2, '第 1 行,第 3 列')
ws.write(1, 0, '第 2 行,第 1 列')
ws.write(1, 1, '第 2 行,第 2 列')
ws.write(1, 2, '第 2 行,第 3 列')
new_excel.save(r'd:\abc\533.xls')        #保存文件
```

运行结果如图 5-3-1 所示。

A1　第1行,第1列

	A	B	C	D	E	F
1	第1行,第1列	第1行,第2列	第1行,第3列	容量	数量	总价
2	第2行,第1列	第2行,第2列	第2行,第3列	350ml	50	
3	农夫山泉	瓶	1.6	380ml	50	
4	屈臣氏	瓶	2.5	400ml	50	
5	加多宝	瓶	5.5	500ml	30	
6	可口可乐	瓶	2.8	330ml	40	
7	椰树椰汁	听	4.6	245ml	60	
8	美汁源	瓶	4	330ml	60	
9	雪碧	听	2.9	330ml	60	
10	红牛饮料	听	6.9	250ml	30	
11						
12						

sheet1　Sheet2

图 5-3-1　运行结果

说明：本实例中打开、保存的文件皆是.xls 类型。

5.3.4　获取所有单元格索引坐标

实例 19：打开工作簿“饮料销售情况.xls”及其第 1 个工作表，将第 1 行数据及第 4 列数据加上索引并输出，同时输出第 4 列中 500ml 数据所在的行索引和列索引。

代码如下：

```
import xlrd
workbook=xlrd.open_workbook(r'd:\abc\饮料销售情况.xls')
sheet1=workbook.sheets()[0]                  #打开工作表

col4=sheet1.col_values(3)                    #取出第 4 列
```

```
row={str(i):col4[i] for i in range(0,len(col4))}          #设置行索引

row1=sheet1.row_values(0)                                  #取出第 1 行
col={str(i):row1[i] for i in range(0,len(row1))}          #设置列索引

print("行索引内容为：",end=" ")
print(list(enumerate(row)))                                #输出行索引
print("列索引内容为：",end=" ")
print(list(enumerate(col)))                                #输出列索引

mtitle="容量"
mname="500ml"
a="".join([i for i in row if row[i]==mname])              #获取“容量”所在行索引
b="".join([i for i in col if col[i]==mtitle])             #获取 500ml 所在列索引
print("500ml 的行索引与列索引分别为：",end=" ")
print(a,b)                                                 #输出行索引和列索引
```

运行结果如下：

```
行索引内容为：[(0, '0'), (1, '1'), (2, '2'), (3, '3'), (4, '4'), (5, '5')]
列索引内容为：[(0, '0'), (1, '1'), (2, '2'), (3, '3'), (4, '4'), (5, '5'),
(6, '6'), (7, '7'), (8, '8'), (9, '9')]
500ml的行索引与列索引分别为：4 3
>>> |
```

说明：enumerate()函数用于将一个可遍历的数据对象组合为一个索引序列，同时列出数据和数据下标。只要获得行、列索引，则可以将对应的单元格数据进行修改。join()函数用于连接字符串数组，将字符串、元组、列表中的元素以指定的字符（分隔符）连接生成一个新的字符串。

5.3.5 单元格内容的修改

实例 20：打开工作簿“饮料销售情况.xls”及其第 1 个工作表，将其中的数据 500ml 修改为“修改内容”，并将工作簿以“535.xls”为名进行保存。

代码如下：

```
import xlrd
import xlwt
from xlutils.copy import copy

workbook=xlrd.open_workbook(r'd:\abc\饮料销售情况.xls')
sheet=workbook.sheets()[0]
row1=sheet.row_values(0)                                   #取出第 1 行
cols={str(i):row1[i] for i in range(0,len(row1))}         #设置行索引
col4=sheet.col_values(3)                                   #取出第 4 列，
rows={str(i):col4[i] for i in range(0,len(col4))}         #设置列索引

mtitle="容量"
mname="500ml"
```

```
rindex="".join([i for i in rows if rows[i]==mname])          #获取行索引
cindex="".join([i for i in cols if cols[i]==mtitle])         #获取列索引

rindex=int(rindex)                                           #转换数据类型
cindex=int(cindex)                                           #转换数据类型

old_excel=xlrd.open_workbook(r'd:\abc\饮料销售情况.xls')
new_excel=copy(old_excel)                                    #复制文件
ws=new_excel.get_sheet(0)                                    #获取工作表
ws.write(rindex,cindex, '修改内容')                          #写入（修改）数据

new_excel.save(r'd:\abc\535.xls')                            #保存文件
```

运行结果如图 5-3-2 所示。

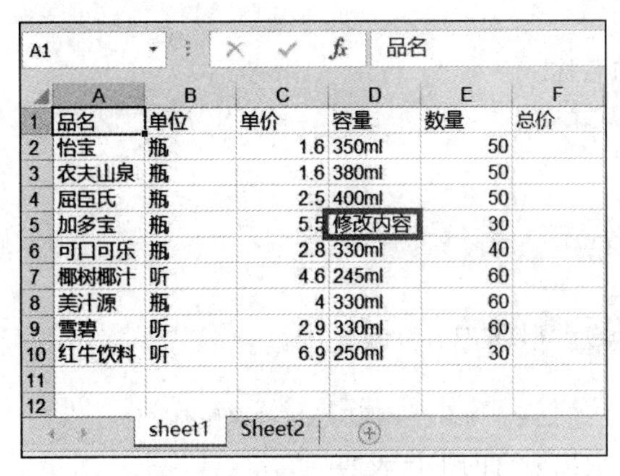

	A	B	C	D	E	F
1	品名	单位	单价	容量	数量	总价
2	怡宝	瓶	1.6	350ml	50	
3	农夫山泉	瓶	1.6	380ml	50	
4	屈臣氏	瓶	2.5	400ml	50	
5	加多宝	瓶	5.5	修改内容	30	
6	可口可乐	瓶	2.8	330ml	40	
7	椰树椰汁	听	4.6	245ml	60	
8	美汁源	瓶	4	330ml	60	
9	雪碧	听	2.9	330ml	60	
10	红牛饮料	听	6.9	250ml	30	
11						
12						

图 5-3-2　运行结果

说明：本实例根据实例 18 和实例 19 对已有文件的某个单元格进行了修改。

5.4　xlwings 库——让 Excel 飞起来

xlwings第三方库是一款操作 Excel 的开源库。xlwings 能够非常方便地读写 Excel 电子表格文件中的数据，并且可以进行单元格格式化的设置和修改。

API（Application Programming Interface，应用程序编程接口）指一些预先定义的函数，其作用是提供应用程序与开发人员基于某软件或硬件得以访问一组例程的能力，而不需要访问源码。其中包括：App 常用 API、Book 常用 API、Sheet 常用 API、Range 常用 API。

xlwings 库的 4 个对象如下所述。

（1）App：App 即应用，表示应用程序，其中可以存放多个工作簿。

（2）Book：Book 即工作簿，表示 Excel 文件，其中可以存放多个工作表。

（3）Sheet：Sheet 即工作表，表示 Excel 文件中的工作表；工作表由许多单元格组成。

（4）Range：Range 表示区域，既可以是一个单元格，也可以是一片单元格区域。

5.4.1 App 常用 API：启动操作

```
app=xw.App(visible=True,add_book=False)    #启动 Excel 程序
```

5.4.2 Book 常用 API：工作簿操作

（1）创建新工作簿。

```
workbook=app.books.add()
```

（2）打开工作簿。

```
workbook=app.books.open(r"filename")
```

例如：

```
workbook=app.books.open(r"d:\abc\例题锦集.xlsx")    #打开工作簿
```

（3）返回工作簿的绝对路径。

```
x=workbook.fullname
```

（4）返回工作簿的名称。

```
x=workbook.name
```

（5）保存工作簿。

方式 1：

```
workbook.save()    #保存
```

方式 2：

```
workbook.save(r'filename')    #另存为
```

例如：

```
workbook.save(r'd:\abc\例题.xlsx')  #以“例题”为文件名保存文件
```

（6）关闭工作簿（退出所有的工作表）。

```
workbook.close()    #关闭当前工作簿
```

（7）退出工作簿。

```
app.quit()          #退出 Excel 程序
```

5.4.3 Sheets 常用 API：工作表操作

（1）添加工作表。

```
workbook.sheets.add("filename")
```

例如：

```
workbook.sheets.add("工资")                #添加“工资”工作表
```

（2）打开工作表。

方式 1：用工作表名称打开。

```
sheet=workbook.sheets["sheet1"]
```

例如：

```
sheet=workbook.sheets["饮料简介"]  #打开工作表“饮料简介”
```

方式 2：用工作表下标打开。

```
sheet=workbook.sheets[0]
```

例如：

```
sheet=workbook.sheets[0]                #打开第 1 个工作表
```

（3）激活工作表。

```
sheet.activate()
```

（4）调用活动工作表。

```
ws=workbook.sheets.active
```

（5）获取所有工作表。

```
listsht=workbook.sheets
```

（6）获取工作簿中工作表的个数。

```
nsheets=workbook.sheets.count
```

（7）调用工作表。

```
ws=workbook.sheets[i]
```

例如：

```
ws=workbook.sheets[0]                          #调用第 1 个工作表
```

（8）指定名称调用工作表。

```
ws=workbook.sheets('Sheet_name')
```

例如：

```
ws=workbook.sheets('饮料简介')            #调用“饮料简介”工作表
```

（9）清除工作表的内容和格式。

```
sht.clear()
```

例如：

```
fw=she.range("B2:D5")                      #设置工作范围
fw.clear()                                 #清除数据内容及格式
```

（10）向工作表中写入数据。

```
data=['北京','上海','广州','深圳','香港','澳门','台湾']
```

方式 1：按行写入。

```
ws.range('A1').value=data
```

例如：

```
workbook.sheets('sheet1').range('A1').value=data   #按行写入数据
```

方式 2：按列写入。

```
ws.range('A1').options(transpose=True).value=data
```

例如：

```
workbook.sheets('sheet1').range('A1').options(transpose=True).value=data   #按列写入数据
```

（11）获取工作表信息。

```
info=ws.used_range
```

例如：

```
info=workbook.sheets[0].used_range   #获取第 1 个工作表的信息
```

（12）获取工作表的行数。

```
nrows=info.last_cell.row
```

例如：

```
nrows=workbook.sheets[4].used_range.last_cell.row   #获取第 5 个工作表的行数
```

（13）获取工作表的列数。

```
ncols=info.last_cell.column
```

例如：

```
ncols=workbook.sheets[4].used_range.last_cell.column #获取第 5 个工作表的行数
```

（14）读取工作表中的数据。

方式 1：读取工作表中一个单元格的数据。

```
data=ws.range('A1')
```

例如：

```
print((workbook.sheets["饮料简介"].range('A1')).value)
```

方式 2：读取工作表中部分单元格的数据。

```
data=ws.range('A1:D2').value
```

例如：

```
print((workbook.sheets["饮料简介"].range('A1:D2')).value)
```

方式 3：读取工作表中整行数据。

```
data=ws.range('A1').expand('right').value
```

例如：

```
print(workbook.sheets["饮料简介"] .range('A1').expand('right').value)
```

方式 4：读取工作表中整列数据。

```
data=ws.range('A1').expand('down').value
```

例如：

```
print(workbook.sheets["饮料简介"].range('A1').expand('down').value)
```

方式 5：读取工作表中全部数据。

```
data=ws.range('A1').expand().value
```

例如：

```
print(workbook.sheets["饮料简介"].range('A1').expand().value)
```

（15）删除工作表中的数据。

方式 1：删除工作表中指定单元格的数据。

```
ws.range('A1').clear()
```

例如：

```
workbook.sheets["饮料简介"].range('A1').clear()
```

方式 2：删除工作表中全部数据。

```
ws.clear()
```

例如：

```
workbook.sheets["饮料简介"].clear()
```

（16）删除整个工作表。

```
sht.delete()
```

例如：

```
workbook.sheets["饮料简介"].delete()
```

5.4.4 Range 常用 API：单元格操作

（1）获取当前活动工作表中的单元格范围。

```
fw=sheet.Range(范围字符串)
```

例如：

```
rng=fw.Range('A1')
```

范围字符串：如 A1 或者 A1:H5。

（2）获取当前单元格的地址。

```
fw.get_address()
```

例如：

```
print(fw.get_address())
```

（3）清除单元格中的内容。

```
fw.clear_contents()
```

例如：

```
fw=sheet.range("A1:D1")
fw.clear_contents()
```

（4）清除单元格的格式和内容。

```
fw.clear()
```

例如：

```
fw=sheet.range("B3")
fw.clear()
```

（5）获取单元格背景色。

```
fw.color
```

例如：

```
fw=sheet.range("B3")
print(fw.color)
```

（6）设置单元格的背景色。

```
fw.color = (234,33,56)
```

例如：

```
fw=sheet.range("A1")
fw.color=(234,33,56)
```

（7）清除单元格的背景色。

```
fw.color=None
```

例如：

```
fw=sheet.range("A1")
fw.color=None
```

（8）获取单元格的列标。

```
fw.column
```

例如：

```
fw=sheet.range("A5")
print(fw.column)
```

（9）获取单元格的个数。

```
fw.count
```

例如：

```
fw=sheet.range("A1:B4")
print(fw.count)
```

（10）返回工作表中有内容的范围。

```
fw.current_region
```

例如：

```
fw=sheet.range("A1:B4")
```

```
print(fw.current_region)
```

（11）在单元格中输入公式。

```
fw.formula='=SUM(B1:B5)'
```

例如：

```
fw=sheet.range("f5")
fw.formula='=SUM(B1:B5)'
```

（12）获取单元格的绝对地址。

```
fw.get_address(row_absolute=True, column_absolute=True,include_sheetname=False, external=False)
```

例如：

```
fw=sheet.range("A1:C4")
print(fw.get_address(row_absolute=True,column_absolute=True,include_sheetname=False, external=False))
```

（13）获取单元格的列宽。

```
fw.column_width
```

例如：

```
fw=sheet.range("A1")
print(fw.column_width)
```

（14）获取范围的总宽度。

```
fw.width
```

例如：

```
fw=sheet.range("A1:E5")
print(fw.width)
```

（15）获取范围右下角最后一个单元格。

```
fw.last_cell
```

例如：

```
fw=sheet.range("A1:D5")
print(fw.last_cell)
```

（16）输出范围中第 1 行的行标。

```
fw.row
```

例如：

```
fw=sheet.range("B3:D5")
print(fw.row)
```

（17）获取单元格的行高。

```
fw.row_height
```

例如：

```
fw=sheet.range("B3")
print(fw.row_height)
```

范围内单元格所有行一样高时返回行高，不一样高时返回 None。

（18）获取范围的总高度。

```
fw.height
```

例如：

```
fw=sheet.range("B3:D4")
print(fw.height)
```

（19）获取范围的行数和列数。

```
fw.shape
```

例如：

```
fw=sheet.range("A1:E5")
print(fw.shape)
```

（20）获取范围内的所有行。

```
fw.rows
```

例如：

```
fw=sheet.range("A1:E5")
print(fw.rows)
```

（21）获取范围中的第 1 行。

```
fw.rows[0]
```

例如：

```
fw=sheet.range("A1:E5")
print(fw.rows[0])
```

（22）获取范围的总行数。

```
fw.rows.count
```

例如：

```
fw=sheet.range("A1:E5")
print(fw.rows.count)
```

（23）获取范围内的所有列。

```
fw.columns
```

例如：

```
fw=sheet.range("A1:E5")
print(fw.columns)
```

（24）获取范围中的第 1 列。

```
fw.columns[0]
```

例如：

```
fw=sheet.range("A1:E5")
print(fw.columns[0])
```

（25）获取范围的总列数。

```
fw.columns.count
```

例如：

```
fw=sheet.range("A1:E5")
print(fw.columns.count)
```

（26）设置范围的大小自适应。

```
fw.autofit()
```

例如：

```
fw=sheet.range("A1:E5")
fw.autofit()
```

（27）设置所有列宽度自适应。

```
fw.columns.autofit()
```

例如：

```
fw=sheet.range("A1:E5")
fw.columns.autofit()
```

（28）设置所有行高度自适应。

```
fw.rows.autofit()
```

例如：

```
fw=sheet.range("A1:E5")
fw.rows.autofit()
```

（29）获取工作表的名称。

```
fw.sheet
```

例如：

```
fw=sheet.range("A1:E5")
print(fw.sheet)
```

5.4.5 列（columu）所表示的意义

（1）column，获取范围所在的首列标。

例如：

```
fw=sheet.range("A1:D5")
print(fw.column)
```

（2）columns，获取范围的列范围。

例如：

```
fw=sheet.range("A1:D5")
print(fw.columns)
```

（3）fw.columns[下标]，获取“下标”所在的列范围。

例如：

```
fw=sheet.range("A1:D5")
print(fw.columns[2])
```

（4）len(fw.columns)，获取范围内的总列数。

例如：

```
fw=sheet.range("A1:D5")
print(len(fw.columns))
```

（5）column_width，获取范围内的总列宽。

例如：

```
fw=sheet.range("A1:D5")
print(fw.column_width)
```

（6）fw.column_width，设置范围内各个列的宽度。

例如：

```
fw=sheet.range("A1:D5")
fw.column_width=50
```

5.4.6 行（row）所表示的意义

（1）row，获取范围所在的首行标。

例如：

```
fw=sheet.range("A1:D5")
print(fw.row)
```

（2）rows，获取范围的行范围。

例如：

```
fw=sheet.range("A1:D5")
print(fw.rows)
```

（3）fw.rows[下标]，获取“下标”所在的行范围。

例如：

```
fw=sheet.range("A1:D5")
print(fw.rows[2])
```

（4）len(fw.rows)，获取范围内的总行数。

例如：

```
fw=sheet.range("A1:D5")
print(len(fw.rows))
```

（5）row_height，获取范围内的总行高。

例如：

```
fw=sheet.range("A1:D5")
print(fw.row_height)
```

（6）fw.row_height，设置范围内各个行的高度。

例如：

```
fw=sheet.range("A1:D5")
fw.row_height=50
```

5.4.7　自动调整行高与列宽

（1）fw.autofit，自动调整指定范围。

例如：

```
fw=sheet.range("A1:D5")
fw.autofit
```

（2）sheet.range("A1").value，修改单元格数据。

例如：

```
sheet.range("A1").value="奖金"
```

（3）new_sht.range("A1:D3").value，修改矩形单元格范围的首行数据。

例如：

```
sheet.range("A1:D3").value=[1,2,3]
```

5.4.8　设置字体（Font）

（1）Font.Name，设置字体名称。

例如：

```
fw.api.Font.Name="黑体"
```

（2）Font.Size，设置字体大小。

例如：

```
fw.api.Font.Size=20
```

（3）Font.Bold，加粗字体。

例如：

```
fw.api.Font.Bold = True
```

True 为加粗，False 为不加粗。

（4）Font.Color，设置字体颜色。

例如：

```
def get_rgb(r,g,b):
        return (2**16)*b+(2**8)*g+r
fg.api.Font.Color=get_rgb(39,34,239)
```

5.4.9 设置边框（Borders）

（1）7 表示单元格左部边框，（7 为 Borders()函数中的参数，下同）。

例如：

```
fw=sheet.range("A1:D3")
fw.api.Borders(7).Weight=3
```

（2）8 表示单元格顶部边框。

例如：

```
fw=sheet.range("A1:D3")
fw.api.Borders(8).Weight=3
```

（3）9 表示单元格底部边框。

例如：

```
fw=sheet.range("A1:D3")
fw.api.Borders(9).Weight=3
```

（4）10 表示单元格右部边框。

例如：

```
fw=sheet.range("A1:D3")
fw.api.Borders(10).Weight=3
```

（5）5 表示从单元格左上角到右下角。

例如：

```
fw=sheet.range("A1:D3")
fw.api.Borders(5).Weight=3
```

（6）6 表示从单元格左下角到右上角。

例如：

```
fw=sheet.range("A1:D3")
fw.api.Borders(6).Weight=3
```

5.4.10 设置边框线型（LineStyle）

```
fw.api.Borders(5).LineStyle=n
```

其中，n 为 0 表示透明；n 为 1 表示实线；n 为 2 表示虚线；n 为 3 表示双实线；n 为 4 表示点划线；n 为 5 表示双点划线。

例如：

```
fw=sheet.range("A1:D3")
```

```
fw.api.Borders(8).LineStyle = 1
```

5.4.11　设置边框宽度（Weight）

```
fw.api.Borders(5).Weight=3
```

例如：

```
fw=sheet.range("A1:D3")
fw.api.Borders(8).LineStyle=3
fw.api.Borders(8).Weight=3
```

5.4.12　设置区域单元格内部边框

（1）fw.api.Borders(12).LineStyle，设置水平边框样式。

例如：

```
fw=sheet.range("A1:D3")
fw.api.Borders(12).LineStyle=1
```

（2）fw.api.Borders(12).Weight，设置水平边框粗细。

例如：

```
fw=sheet.range("A1:D3")
fw.api.Borders(12).LineStyle=1
fw.api.Borders(12).Weight=3
```

（3）fw.api.Borders(11).LineStyle，设置垂直边框样式。

例如：

```
fw=sheet.range("A1:D3")
fw.api.Borders(11).LineStyle=1
```

（4）fw.api.Borders(11).Weight，设置垂直边框粗细。

例如：

```
fw=sheet.range("A1:D3")
fw.api.Borders(11).LineStyle=1
fw.api.Borders(11).Weight=3
```

5.4.13　设置位置（Alignment）

1. 水平方向

（1）-4108：水平居中（默认）。

（2）-4131：靠左（默认）。

（3）-4152：靠右。

例如：

```
b3.api.HorizontalAlignment=-4108
```

2. 垂直方向

（1）-4108：垂直居中（默认）。

（2）-4160：靠上。

（3）-4107：靠下。

（4）-4130：自动换行对齐。

例如：

```
b3.api.VerticalAlignment=-4108
```

5.4.14 合并/拆分单元格（Merge/UnMerge）

（1）sheet.range('C8:D8').api.Merge()，合并单元格。

例如：

```
sheet.range('C8:D8').api.Merge()
```

（2）sheet.range('C8:D8').api.UnMerge()，拆分单元格。

例如：

```
sheet.range('C8:D8').api.Merge()
sheet.range('C8:D8').api.UnMerge()
```

5.4.15 设置超链接

（1）add_hyperlink，设置超链接。

例如：

```
fw=sheet.range("A1")
fw.add_hyperlink('http://www.baidu.com','百度','百度网站')
```

（2）hyperlink，获取超链接。

例如：

```
fw=sheet.range("A1")
fw.add_hyperlink('http://www.baidu.com','百度','百度网站')
print(fw.hyperlink)
```

（3）clear()，取消超链接。

例如：

```
fw=sheet.range("A1")
fw.add_hyperlink('http://www.baidu.com','百度','百度网站')
fw.clear()
```

（4）address，获取超链接地址。

例如：

```
fw=sheet.range("A1")
fw.add_hyperlink('http://www.baidu.com','百度','百度网站')
print(fw.address)
```

5.4.16 设置颜色（Color）

（1）Borders.Color 设置边框颜色。

例如：

```
fw=sheet.range("A1:D3")
fw.api.Borders(7).LineStyle=1
fw.api.Borders(7).Weight=3
fw.api.Borders.Color=0x800a01a8
```

（2）Font.Color，设置字体颜色。

例如：

```
fw=sheet.range("A1:D3")
fw.api.Font.Color=0x800a01a8
```

（3）Interior.Color，设置底纹颜色。

例如：

```
fw=sheet.range("A1:D3")
fw.api.Interior.Color=0x800a01a8
```

（4）Tab.Color，设置选项卡颜色。

例如：

```
sheet.api.Tab.Color=0x800a01a8
```

5.4.17　常用设置

（1）sht.range('A1').api.Font.Name，设置字体名称。

例如：

```
sht.range('A1').api.Font.Name='Times New Roman'          #设置字体为 Times New Roman
```

（2）sht.range('A1').api.Font.Size，设置字体大小。

例如：

```
sht.range('A1').api.Font.Size=15                         #设置字体字号
```

（3）sht.range('A1').api.Font.Bold，设置字体是否加粗。

例如：

```
sht.range('A1').api.Font.Bold=True                       #设置字体加粗
```

（4）sht.range('A1').api.Font.Color，设置字体颜色。

例如：

```
sht.range('A1').api.Font.Color=0x0000ff                  #设置字体颜色为红色
```

5.4.18　综合实例

实例 21：设置单元格的字体对齐方式、字体大小、边框样式并对单元格进行合并。

代码如下：

```
import xlwings as xw

app=xw.App(visible=True, add_book=False)
wb=app.books.add()
sht=wb.sheets.active
sht.range(2,4).value="中国"

fw=sht.range('B2:E3')

"""设置单元格大小"""
sht.autofit()                          #自动调整单元格大小
sht.range(1,4).column_width=20         #设置第 4 列列宽，(1,4)表示第 1 行第 4 列的单元格
sht.range(2,4).row_height=60           #设置第 2 行行高

"""设置单元格字体格式"""
fw.color=255,200,255                   #设置单元格的填充颜色
```

```
fw.api.Font.ColorIndex=3                    #设置字体的颜色
fw.api.Font.Size=24                         #设置字体的大小
fw.api.Font.Bold=True                       #设置字体为粗体
fw.api.HorizontalAlignment=-4108            #-4108 表示水平居中
fw.api.VerticalAlignment=-4108              #-4108 表示垂直居中
fw.api.NumberFormat="0.00"                  #设置单元格内数字的格式

"""设置边框"""
fw=sht.range('B5')
fw.api.Borders(9).LineStyle=1               #Borders(9)表示底部边框，LineStyle=1 表示实线
fw.api.Borders(9).Weight=3                  #设置边框粗细

fw=sht.range('D5')
fw.api.Borders(7).LineStyle=2               #Borders(7)表示左边框，LineStyle=2 表示虚线
fw.api.Borders(7).Weight=3

fw=sht.range('C5')
fw.api.Borders(8).LineStyle=5               #Borders(8)表示顶部框，LineStyle=5 表示双点划线
fw.api.Borders(8).Weight=3

fw=sht.range('E5')
fw.api.Borders(10).LineStyle=4              #Borders(10)表示右边框，LineStyle=4 表示点划线
fw.api.Borders(10).Weight=3

fw=sht.range('B7:C10')
fw.api.Borders(5).LineStyle = 1             #Borders(5)表示从单元格左上角到右下角
fw.api.Borders(5).Weight = 3

fw=sht.range('D7:E10')
fw.api.Borders(6).LineStyle=1               #Borders(6)表示从单元格左下角到右上角
fw.api.Borders(6).Weight=3

fw=sht.range('B12:D15')
fw.api.Borders(11).LineStyle=1              #Borders(11)表示内部垂直中线
fw.api.Borders(11).Weight=3

fw=sht.range('E12:G15')
fw.api.Borders(12).LineStyle=1              #Borders(12)表示内部水平中线
fw.api.Borders(12).Weight=3

"""合并、拆分单元格"""
sht.range('G5:H6').api.Merge()              #合并单元格
sht.range('G7:H8').api.Merge()
sht.range('G7:H8').api.UnMerge()            #拆分单元格

"""插入、读取公式"""
sht.range('F1').formula='=sum(D1+E1)'  #插入公式
print(sht.range('F1').formula)              #读取公式

wb.save(r'd:\abc\5419.xlsx')
```

```
wb.close()
app.quit()
```

运行结果如图 5-4-1 所示。

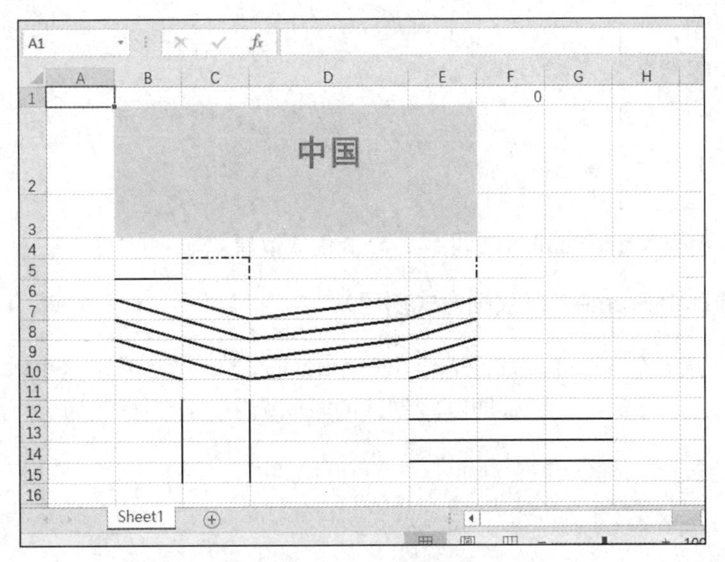

图 5-4-1　运行结果

5.5　pandas 库——高效数据分析师

pandas 是开源的 Python 第三方库，提供易于使用的数据结构和数据分析工具。pandas 基于 numpy 库开发，与其他第三方库无缝集成，对时间序列分析提供了很好的支持，可以处理不同类型的数据，如表格数据、时间序列数据、矩阵数据等。pandas 支持的数据结构包括 Series（一维数组）Time Series（以时间为索引的 Series）、DataFrame（二维的表格型数据结构）、Panel（三维数组）。

数据处理是 pandas 的立身之本。pandas 把 Excel 当作读写数据的容器，为其提供强大的数据分析与处理服务，支持读写.xls、.xlsx 文件。支持此功能的库还有 xlrd，但 xlrd 只支持读，不支持写，并需要配合 xlutils 进行 Excel 操作。xlwt 用于保存数据，只能将数据写入.xls 文件。

pandas 中常见的数据结构有两种：Series（类似一维数组的对象）；DataFrame（类似多维数组），其每列数据可以是不同的类型，索引包括列索引和行索引。

本节内容包括创建 Series、创建 DataFrame、查看 DataFrame 数据信息、对 DataFrame 标签进行排序、对 DataFrame 数据进行排序并提取其部分数据等。

5.5.1　创建 Series

实例 22：创建一个 Series，并将其数据打印出来。

代码如下：

```
import pandas as pd
import numpy as np
import matplotlib.pyplot as plt
```

```
s=pd.Series([1,3,5,np.nan,6,8])
print(s)
```

运行结果如下：

```
0    1.0
1    3.0
2    5.0
3    NaN
4    6.0
5    8.0
dtype: float64
>>> |
```

说明：NaN 表示 Not a Number，即不是一个有效数值。

5.5.2 创建 DataFrame（以数据方式创建）

实例 23：创建一个 DataFrame，先给出一个时间范围，然后基于这个时间范围创建了一个 DataFrame，DataFrame 的行标签即刚刚创建的时间范围，而列标签为 A、B、C、D。

代码如下：

```
import pandas as pd
import numpy as np

df=pd.DataFrame(np.random.randn(6,4),columns=['A','B','C','D'])

print(df)
```

运行结果如下：

```
                   A         B         C         D
2020-01-01 -0.401002 -0.090141 -0.760064 -1.064145
2020-01-02  2.186301 -0.018884 -1.868959 -1.889536
2020-01-03 -0.541891 -0.089105  0.064442  0.824639
2020-01-04 -0.436359  0.604414 -0.471910 -0.539556
2020-01-05  0.690284 -0.009572  2.152116 -1.083380
2020-01-06 -1.502304 -0.539935 -0.048646 -0.341632
>>> |
```

说明：在 DataFrame 中，每一列的数据类型都是相同的，而不同的列可以是不同的数据类型。DataFrame 中的每一行是一个记录，每一列为一个字段，即用列记录属性。

本实例代码中，np.random.randn(6,4)表示从标准正态分布中返回一个样本值，columns=['A','B','C','D']用来建立列标题。

5.5.3 创建 DataFrame（以字典方式创建）

实例 24：创建一个 DataFrame，其中输入的参数是一个字典，字典的每个键值对的值可以转换成一个 DataFrame。

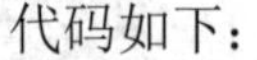

代码如下：

```
import pandas as pd
import numpy as np
df=pd.DataFrame({'A':1.,'B':pd.Timestamp('20200101'),
                 'C':pd.Series(1,index=range(4),dtype='float32'),
                 'D':np.array([3]*4,dtype='int32'),
                 'E':pd.Categorical(['test1',' test2','test3',' test4']),
```

```
              'F':'foo'})
print(df)
```

运行结果如下：

```
     A          B    C  D      E    F
0  1.0 2020-01-01  1.0  3  test1  foo
1  1.0 2020-01-01  1.0  3  test2  foo
2  1.0 2020-01-01  1.0  3  test3  foo
3  1.0 2020-01-01  1.0  3  test4  foo
>>> |
```

5.5.4　查看 DataFrame 数据信息

实例 25：查看 DataFrame 数据信息。

代码如下：

```
import pandas as pd
import numpy as np
df=pd.DataFrame({'A':1.,'B':pd.Timestamp('20200101'),
                 'C':pd.Series(3,index=range(4)),
                 'D':np.array([3]*4),
                 'E':pd.Categorical(['test1','test2','test3','test4']),
                 'F':'foo'})
print(df.head(2))          #显示前 2 行信息
print(df.tail(2))          #显示后 2 行信息
print("行索引：",end=" ")
print(df.index)            #显示行索引
print("列索引：",end=" ")
print(df.columns)          #显示列索引
print("各列数据类型：")
print(df.dtypes)           #显示各个列的数据类型
print(df.values)           #显示 DataFrame 的值
```

运行结果如下：

```
     A          B  C  D      E    F
0  1.0 2020-01-01  3  3  test1  foo
1  1.0 2020-01-01  3  3  test2  foo
     A          B  C  D      E    F
2  1.0 2020-01-01  3  3  test3  foo
3  1.0 2020-01-01  3  3  test4  foo
行索引：RangeIndex(start=0, stop=4, step=1)
列索引：Index(['A', 'B', 'C', 'D', 'E', 'F'], dtype='object'
各列数据类型：
A           float64
B    datetime64[ns]
C             int64
D             int32
E          category
F            object
dtype: object
[[1.0 Timestamp('2020-01-01 00:00:00') 3 3 'test1' 'foo']
 [1.0 Timestamp('2020-01-01 00:00:00') 3 3 'test2' 'foo']
 [1.0 Timestamp('2020-01-01 00:00:00') 3 3 'test3' 'foo']
 [1.0 Timestamp('2020-01-01 00:00:00') 3 3 'test4' 'foo']]
>>> |
```

说明：head()函数和 tail()函数可以显示 DataFrame 前 N 条和后 N 条记录，N 为对应的参数，默认值为 5。

通过 index（行）属性和 columns（列）属性可以获得 DataFrame 的行标签和列标签，从而了解数据内容和含义。

通过 dtypys 属性可以获得各列的数据类型。

values 属性以列表的方式保存 DataFrame 的具体数据。

5.5.5 对 DataFrame 标签进行排序

实例 26：对 DataFrame 进行标签排序。axis=1 时，沿着列方向，对各个列标签进行排序；axis=0 时，沿着行方向，对行标签进行排序。

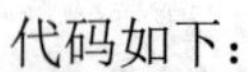

代码如下：

```
import pandas as pd
import numpy as np
df=pd.DataFrame({'A':1.,'B':pd.Timestamp('20200101'),
                 'C':pd.Series(1,index=range(4),dtype='float32'),
                 'D':np.array([3]*4,dtype='int32'),
                 'E':pd.Categorical(['test1','test2','test3','test4']),
                 'F':'foo'})
df=df.sort_index(axis=1,ascending=False)    #对列索引进行排序

print(df)
```

运行结果如下：

```
     F      E  D    C          B    A
0  foo  test1  3  1.0 2020-01-01  1.0
1  foo  test2  3  1.0 2020-01-01  1.0
2  foo  test3  3  1.0 2020-01-01  1.0
3  foo  test4  3  1.0 2020-01-01  1.0
>>>
```

将上述代码中的 axis=1 改为 axis=0，则表示按行排序，相应的运行结果如下：

```
     A          B    C  D      E    F
3  1.0 2020-01-01  1.0  3  test4  foo
2  1.0 2020-01-01  1.0  3  test3  foo
1  1.0 2020-01-01  1.0  3  test2  foo
0  1.0 2020-01-01  1.0  3  test1  foo
>>>
```

5.5.6 对 DataFrame 数据进行排序

实例 27：根据 E 列数据对 DataFrame 进行排序。

代码如下：

```
import pandas as pd
import numpy as np
df=pd.DataFrame({'A':1.,'B':pd.Timestamp('20200101'),
                'C':pd.Series(1,index=range(4),dtype='float32'),
                'D':np.array([3]*4,dtype='int32'),
                'E':pd.Categorical(['test2','test4','test3','test1']),
                'F':'foo'})
print(df)                    #原始数据
df=df.sort_values(by='E')    #根据 E 列数据进行排序
print(df)                    #排序后的数据
```

运行结果如下：

```
     A          B    C  D      E    F
0  1.0 2020-01-01  1.0  3  test2  foo
1  1.0 2020-01-01  1.0  3  test4  foo
2  1.0 2020-01-01  1.0  3  test3  foo
3  1.0 2020-01-01  1.0  3  test1  foo
     A          B    C  D      E    F
3  1.0 2020-01-01  1.0  3  test1  foo
0  1.0 2020-01-01  1.0  3  test2  foo
2  1.0 2020-01-01  1.0  3  test3  foo
1  1.0 2020-01-01  1.0  3  test4  foo
>>> |
```

5.5.7　提取部分数据（单列数据）

实例 28：提取 DataFrame 的一个数据列。

代码如下：

```
import pandas as pd
import numpy as np
df=pd.DataFrame({'A':1.,'B':pd.Timestamp('20200101'),
                'C':pd.Series(1,index=range(4),dtype='float32'),
                'D':np.array([3]*4,dtype='int32'),
                'E':pd.Categorical(['test1','test2','test3','test4']),
                'F':'foo'})
print(df['E'])      #提取 E 列数据
```

运行结果如下：

```
0    test1
1    test2
2    test3
3    test4
Name: E, dtype: category
Categories (4, object): ['test1', 'test2', 'test3', 'test4']
>>> |
```

5.5.8　提取部分数据（多行数据）

实例 29：提取 DataFrame 的若干数据行。

代码如下：

```
import pandas as pd
import numpy as np
```

```
df=pd.DataFrame({'A':1.,'B':pd.Timestamp('20200101'),
                 'C':pd.Series(1,index=range(4),dtype='float32'),
                 'D':np.array([3]*4,dtype='int32'),
                 'E':pd.Categorical(['test1','test2','test3','test4']),
                 'F':'foo'})
print(df[0:3])      #提取多行数据
```

运行结果如下：

```
     A          B    C  D      E    F
0  1.0 2020-01-01  1.0  3  test1  foo
1  1.0 2020-01-01  1.0  3  test2  foo
2  1.0 2020-01-01  1.0  3  test3  foo
>>> |
```

说明：pandas 可以通过行号范围、行标签范围提取若干数据行。本实例中的[0:3]为下标范围。

5.5.9 提取部分数据（条件数据）

实例 30：通过条件过滤提取 DataFrame 的若干数据行。

代码如下：

```
import pandas as pd
import numpy as np
df=pd.DataFrame({'A':1.,'B':pd.Timestamp('20200101'),
                 'C':pd.Series(1,index=range(4),dtype='float32'),
                 'D':np.array([3]*4,dtype='int32'),
                 'E':pd.Categorical(['test1','test2','test3','test4']),
                 'F':'foo'})
print(df[df.E=="test2"])
```

运行结果如下：

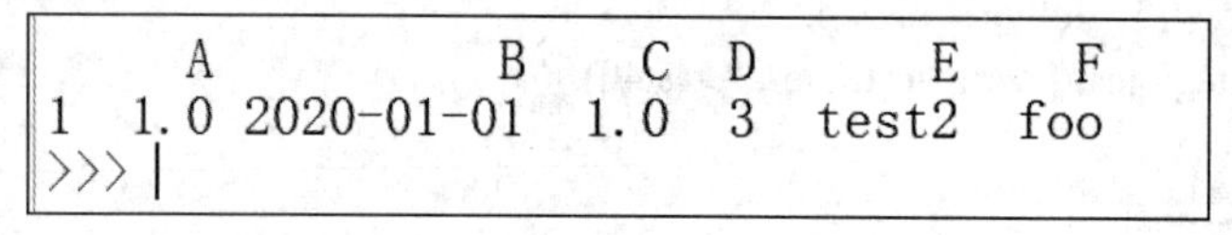

```
     A          B    C  D      E    F
1  1.0 2020-01-01  1.0  3  test2  foo
>>> |
```

说明：本实例通过条件过滤获取了部分行数据。

5.6 openpyxl 库

openpyxl 模块是 Python 第三方库，可以读取和编写.xlsx、.xlsm、.xltx、.xltm 文件。对于早期的 Excel 文档格式（.xls），需要用到其他第三方库（如 xlrd、xlwt 等）。openpyxl 能够读取和修改 Excel 文档，可以进行单元格格式设置、图片输入、表格编辑、公式输入、筛选、批注、文件保护、打印设置等。它简单易用、功能广泛，图表功能是其一大亮点。

openpyxl 是一款综合性的工具，不仅能够同时读取和修改 Excel 文档，而且可以对 Excel 文件内的单元格进行详细设置，包括单元格样式等，甚至还支持图表插入、打印设置等。使用 openpyxl 可以处理数据量较大的 Excel 文件，其跨平台处理大量数据的功能是其他模块无法相比的。因此，openpyxl 是处理 Excel 复杂问题的首选第三方库。

openpyxl 中包含 Workbook（工作簿）、Worksheet（工作表）、Cell（单元格）3 个对象。

本节内容包括创建文件、打开文件、创建工作表、选择工作表、查看工作表名称、访问单元格、访问行与列、输入数据、获取工作表总行数和总列数、输出工作表中的数据、设置单元格风格、合并和拆分单元格、修改工作表标签颜色、删除工作表等。

5.6.1　创建文件

实例 31：创建 Excel 文件，将其以“561.xlsx”为名进行保存。

代码如下：

```
from openpyxl import Workbook
wb = Workbook()                    #创建文件
wb.save(r"d:\abc\561.xlsx")        #保存文件
```

运行结果如图 5-6-1 所示。

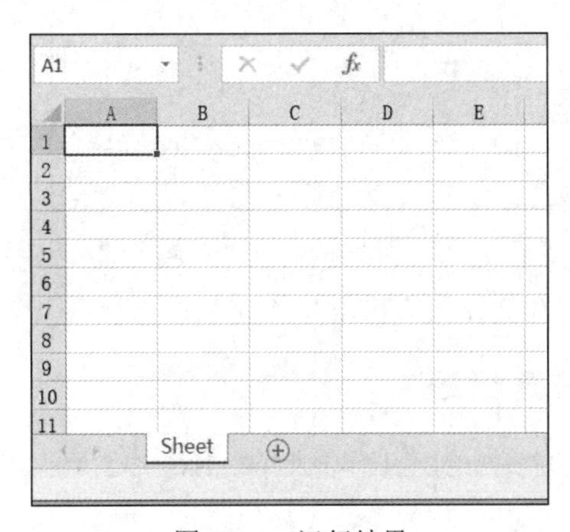

图 5-6-1　运行结果

5.6.2　打开已有文件

实例 32：打开 D:盘 abc 文件夹中的“例题锦集.xlsx”文件，并输出其所有工作表名称。

代码如下：

```
from openpyxl import load_workbook
wb=load_workbook(r'd:\abc\例题锦集.xlsx')  #打开工作簿
print(wb.sheetnames)          #输出工作簿中所有工作表名称
```

运行结果如下：

```
['饮料简介', '饮料全表', '销售情况', '销售数量', '股票数据',
'学生名单', '学生成绩', '期末成绩', '销售报表', '销售额度',
'优秀名单', '良好名单', '泰坦尼克', '服装销售', '班级成绩']
>>> |
```

5.6.3　创建工作表（在最后位置）

实例 33：在 D:盘 abc 文件夹中创建工作簿“563.xlsx”并创建工作表“第 5 章”（在最后位置）。

代码如下：

```
from openpyxl import Workbook
wb=Workbook()                          #创建工作簿
ws=wb.create_sheet("第 5 章")          #创建工作表
wb.save(r"d:\abc\563.xlsx")            #保存文件
```

运行结果如图 5-6-2 所示。

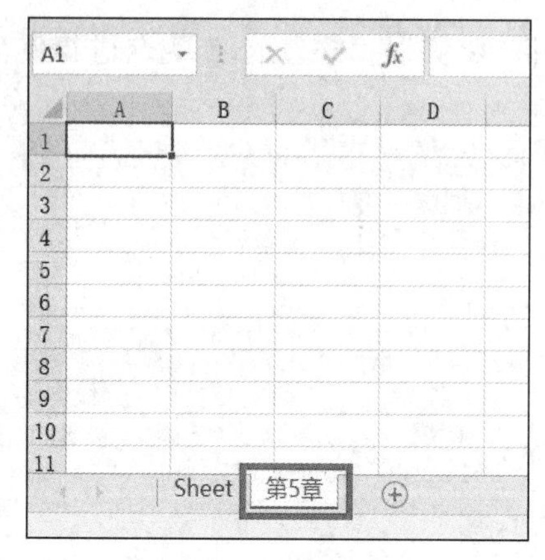

图 5-6-2　运行结果

说明：本例将创建的工作表插入到所有工作表的后面。

5.6.4　创建工作表（在开始位置）

实例 34：在 D:盘 abc 文件夹中创建工作簿"564.xlsx"并创建工作表"第 5 章"（在开始位置）。

代码如下：

```
from openpyxl import Workbook
wb=Workbook()                          #创建工作簿
ws2=wb.create_sheet("第 5 章", 0)      #创建工作表
wb.save(r"d:\abc\564.xlsx")            #保存文件
```

运行结果如图 5-6-3 所示。

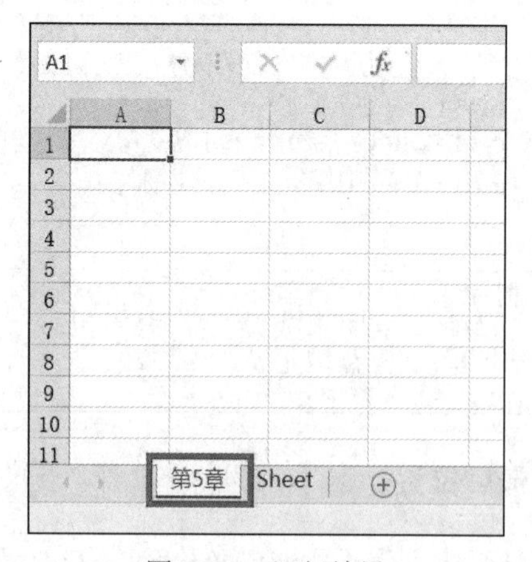

图 5-6-3　运行结果

说明：本例将创建的工作表插入到所有工作表的前面。

5.6.5　选择工作表

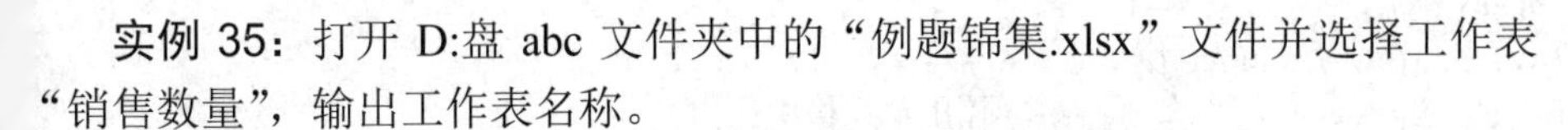

实例 35：打开 D:盘 abc 文件夹中的“例题锦集.xlsx”文件并选择工作表“销售数量”，输出工作表名称。

代码如下：

```
from openpyxl import load_workbook
wb=load_workbook(r'd:\abc\例题锦集.xlsx')  #打开工作簿
ws=wb["销售数量"]
print(ws.title)                            #输出工作表名称
```

运行结果如下：

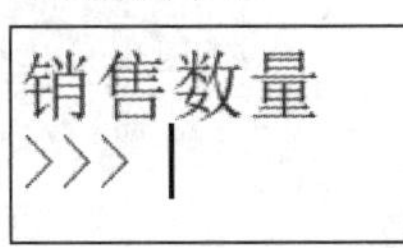

5.6.6　查看工作表名称

实例 36：打开 D:盘 abc 文件夹中的“例题锦集.xlsx”文件，输出其所有工作表名称。

代码如下（与实例 32 代码相同，但强调的知识点不同）：

```
from openpyxl import load_workbook
wb=load_workbook(r'd:\abc\例题锦集.xlsx')  #打开工作簿
print(wb.sheetnames)                       #输出所有工作表名称
```

运行结果如下：

```
['饮料简介', '饮料全表', '销售情况', '销售数量', '股票数据', '学生名单', '学生成绩', '期末成绩', '销售报表', '销售额度', '优秀名单', '良好名单', '泰坦尼克', '服装销售', '班级成绩']
>>>
```

5.6.7　访问单元格

实例 37：打开 D:盘 abc 文件夹中的“例题锦集.xlsx”文件及其“销售数量”工作表，输出相应单元格中的内容。

代码如下：

```
from openpyxl import load_workbook

wb=load_workbook(r'd:\abc\例题锦集.xlsx')  #打开工作簿
ws=wb["销售数量"]                          #打开工作表
c1=ws['A4']                                #访问单元格

print(c1,end="：")
print(c1.value)                            #输出单元格中的内容

c2=ws.cell(row=4,column=2)                 #访问单元格
print(c2,end="：")
```

```
print(c2.value)                              #输出单元格中的内容

for i in range(1,4):                         #访问单元格
    for j in range(1,4):
        c3=ws.cell(row=i,column=j)
        print(c3.value,end="：")             #输出单元格中的内容
    print("")                                #换行
```

运行结果如下：

```
<Cell '销售数量'.A4>：第三周
<Cell '销售数量'.B4>：52
时间：怡宝：农夫山泉：
第一周：52：46：
第二周：46：32：
>>> |
```

说明：本例中访问单元格的方式分为 3 种，注意区别。

5.6.8 访问行

实例 38：打开 D:盘 abc 文件夹中的“例题锦集.xlsx”文件及其“班级成绩”工作表，访问相应的行。

代码如下：

```
from openpyxl import load_workbook
wb=load_workbook(r'd:\abc\例题锦集.xlsx')        #打开工作簿
ws=wb["班级成绩"]                                #打开工作表
row10=ws[10]                                     #访问行
print(row10)
print('==============================')
row_range=ws[2:3]                                #访问多个行
print(row_range)
```

运行结果如下：

```
(<Cell '班级成绩'.A10>, <Cell '班级成绩'.B10>, <Cell '班级成绩'.C10
>, <Cell '班级成绩'.D10>, <Cell '班级成绩'.E10>, <Cell '班级成绩'.F
10>)
==============================
((<Cell '班级成绩'.A2>, <Cell '班级成绩'.B2>, <Cell '班级成绩'.C2>,
 <Cell '班级成绩'.D2>, <Cell '班级成绩'.E2>, <Cell '班级成绩'.F2>),
 (<Cell '班级成绩'.A3>, <Cell '班级成绩'.B3>, <Cell '班级成绩'.C3>,
 <Cell '班级成绩'.D3>, <Cell '班级成绩'.E3>, <Cell '班级成绩'.F3>))
>>> |
```

5.6.9 访问列

实例 39：打开 D:盘 abc 文件夹中的“例题锦集.xlsx”文件及其“班级成绩”工作表，访问相应的列。

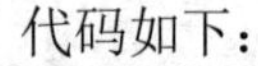

代码如下：

```
from openpyxl import load_workbook
wb=load_workbook(r'd:\abc\例题锦集.xlsx')  #打开工作簿
```

```
ws=wb["班级成绩"]                          #打开工作表
colC=ws['C']                               #访问列
print(colC)
print('==============================')
col_range=ws['C:D']                        #访问多个列
print(col_range)
```

运行结果如下：

```
((<Cell '班级成绩'.C1>, <Cell '班级成绩'.C2>, <Cell '班级成绩'.C3>,
<Cell '班级成绩'.C4>)
==============================
((<Cell '班级成绩'.C1>, <Cell '班级成绩'.C2>, <Cell '班级成绩'.C3>,
 <Cell '班级成绩'.C4>), (<Cell '班级成绩'.D1>, <Cell '班级成绩'.D2>
, <Cell '班级成绩'.D3>, <Cell '班级成绩'.D4>))
>>> |
```

5.6.10　输入数据

实例 40：打开 D:盘 abc 文件夹中创建工作簿及工作表“第 5 章”，输入数据，将工作簿以“5610.xlsx”为名进行保存。

代码如下：

```
from openpyxl import Workbook
import datetime
wb=Workbook()                              #创建工作簿
ws=wb.create_sheet("第 5 章")              #创建工作表

ws['A1']=42                                #输入数据（公式）
ws.append([1, 2, 3])                       #按行（多行）输入数据
ws['A3']=datetime.datetime.now().strftime("%Y-%m-%d")    #Python 数据类型自动转换

wb.save(r"d:\abc\5610.xlsx")               #保存文件
```

运行结果如图 5-6-4 所示。

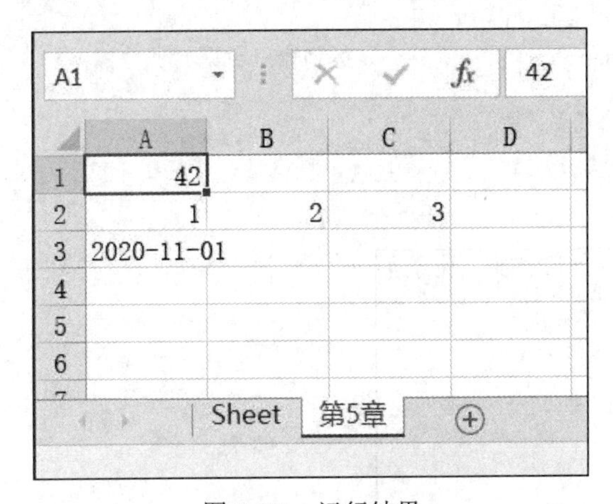

图 5-6-4　运行结果

说明：本例中分别按单元格、行输入数据，注意区别。

5.6.11 获取工作表总行数和总列数

实例 41：打开 D:盘 abc 文件夹中的“例题锦集.xlsx”文件并选择“销售数量”工作表，输出工作表的总行数和总列数。

代码如下：

```
from openpyxl import load_workbook
wb=load_workbook(r'd:\abc\例题锦集.xlsx')          #打开工作簿
ws=wb["销售数量"]
print("工作表总行数为：",end=" ")
print(ws.max_row)                                   #输出工作表最大行
print("工作表总列数为：",end=" ")
print(ws.max_column)                                #输出工作表最大列
```

运行结果如下：

```
工作表总行数为：16
工作表总列数为：10
>>> |
```

5.6.12 输出工作表中的数据

实例 42：打开 D:盘 abc 文件夹中的“例题锦集.xlsx”文件并选择“班级成绩”工作表，输出工作表中的数据。

代码如下：

```
from openpyxl import load_workbook
wb=load_workbook(r'd:\abc\例题锦集.xlsx')  #打开工作簿
ws=wb["班级成绩"]

for row in ws.rows:                          #按行输出数据
    for cell in row:
        print(cell.value,end=";")
    print("")
print('===================')
for column in ws.columns:                    #按列输出数据
    for cell in column:
        print(cell.value,end=";")
    print("")
```

运行结果如下：

```
科目;语文;数学;外语;物理;化学;
甲班;94;95;84;64;90;
乙班;75;93;66;85;88;
丙班;86;76;96;93;67;
===================
科目;甲班;乙班;丙班;
语文;94;75;86;
数学;95;93;76;
外语;84;66;96;
物理;64;85;93;
化学;90;88;67;
>>> |
```

说明：本实例代码中的 ws.rows 代表每一行的数据；ws.columns 代表每一列的数据。

5.6.13　设置单元格风格

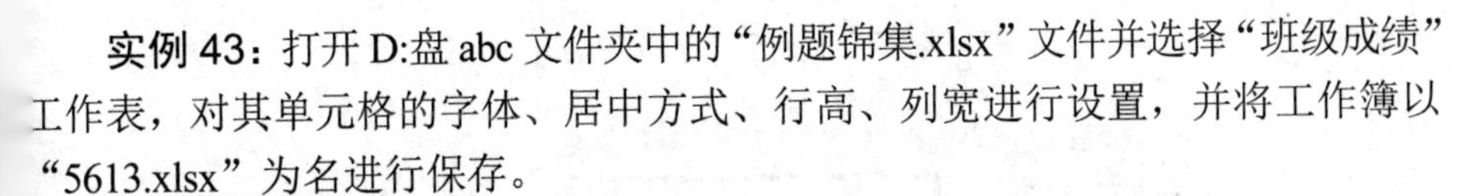

实例 43：打开 D:盘 abc 文件夹中的“例题锦集.xlsx”文件并选择“班级成绩”工作表，对其单元格的字体、居中方式、行高、列宽进行设置，并将工作簿以“5613.xlsx”为名进行保存。

代码如下：

```
from openpyxl import load_workbook
from openpyxl.styles import Font,colors,Alignment
wb=load_workbook(r'd:\abc\例题锦集.xlsx')   #打开工作簿
ws=wb["班级成绩"]

zt=Font(size=24,italic=True,color='9c0006',bold=True)
ws['C1'].font=zt                               #设置字体
ws['C1'].alignment=Alignment(horizontal='center', vertical='center') #设置居中方式（水平和垂直）
ws.row_dimensions[1].height=60                 #设置行高
ws.column_dimensions['C'].width = 20           #设置列宽

wb.save(r"d:\abc\5613.xlsx")                   #保存文件
```

运行结果如图 5-6-5 所示。

A1　科目

	A	B	C	D	E	F
1	科目	语文	数学	外语	物理	化学
2	甲班	94	95	84	64	90
3	乙班	75	93	66	85	88
4	丙班	86	76	96	93	67
5						

图 5-6-5　运行结果

5.6.14　合并和拆分单元格

实例 44：在 D:盘 abc 文件夹中创建工作簿并在其中创建工作表“第 5 章”，分别对其中的一行和一个矩形区域进行单元格合并，并将工作簿以“5614.xlsx”为名进行保存。

代码如下：

```
from openpyxl import Workbook
wb=Workbook()                       #创建工作簿
ws=wb.create_sheet("第 5 章")        #创建工作表

ws.merge_cells('C2:E2')             #合并行
ws.merge_cells('C5:E7')             #合并矩形区域

ws.merge_cells('A1:A6')
```

```
ws.unmerge_cells('A1:A6')                    #拆分单元格

wb.save(r"d:\abc\5614.xlsx")                 #保存文件
```

运行结果如图5-6-6所示。

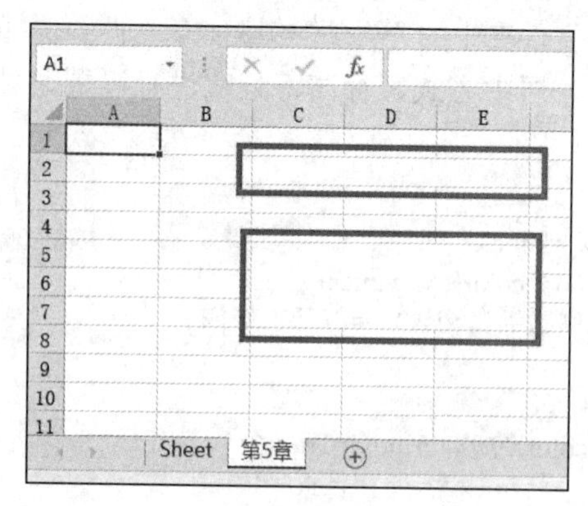

图5-6-6 运行结果

说明：sheet.unmerge_cells()只能对已经合并过的单元格进行拆分。

5.6.15 修改工作表标签颜色

实例45：打开D:盘abc文件夹中的“例题锦集.xlsx”文件，同时打开“班级成绩”工作表，对其中单元格的字体、居中方式、行高、列宽进行设置，将工作簿以“5615.xlsx”为名进行保存。

代码如下：

```
from openpyxl import load_workbook
wb=load_workbook(r'd:\abc\例题锦集.xlsx')              #打开工作簿
ws=wb["饮料简介"]

ws.sheet_properties.tabColor = "9c0006"              #设置工作表标签颜色

wb.save(r"d:\abc\5615.xlsx")                         #保存文件
```

运行结果如图5-6-7所示。

	A	B	C	D	E	F
1	品名	单位	单价	容量	数量	总价
2	怡宝	瓶	1.6	350ml	100	80
3	农夫山泉	瓶	1.6	380ml	70	80
4	屈臣氏	瓶	2.5	400ml	50	125
5	加多宝	瓶	5.5	500ml	30	165
6	可口可乐	瓶	2.8	330ml	60	112
7	椰树椰汁	听	4.6	245ml	60	276
8	美汁源	瓶	4	330ml	50	240
9	雪碧	听	2.9	330ml	50	174
10	红牛饮料	听	6.9	250ml	60	207
11						

饮料简介 饮料全表 销售情况 销售数量 股票

图5-6-7 运行结果

5.6.16 删除工作表

方式 1：

```
wb.remove(sheet)
```

方式 2：

```
delwb[sheet]
```

5.7 matplotlib.pyplot 库

matplotlib 库是数据绘图功能的第三方库，主要用于实现各种数据展示图形的绘制。通过 matplotlib 库仅需要几行代码，便可以生成图形，如直方图、条形图、散点图等。matplotlib.pyplot 是 matplotlib 的子库，matplotlib.pyplot 提供了操作图形（绘图）的函数，每个函数表示对图像进行的一个操作。在进行绘图时，figure 创建窗口，subplot 创建子图。所有的绘画只能在子图上进行。plt 表示当前子图，若没有子图则需要创建一个。

figure 需要处理底层的绘图操作，artist 则处理所有的高层结构，例如处理图表、文字和曲线等的绘制和布局。通常我们只与 artist 打交道，而不需要关心底层的绘制细节。

artist 分为简单类型和容器类型两种：简单类型的 artist 为标准的绘图元件，例如 Line2D、rectangle、text、axesimage 等；而容器类型则包含许多简单类型的 artist，将它们组织成一个整体，例如 axis、axes、figure 等。

（1）直接使用 artist 创建图表的标准流程如下所述。

- 创建 figure 对象。
- 用 figure 对象创建一个或者多个 axes 或者 subplot 对象。
- 调用 axes 等对象的方法创建各种简单类型的 artist。

（2）常用函数属性及其作用见表 5-7-1，各种符号及其含义见表 5-7-2 至表 5-7-4。

表 5-7-1 常用函数属性及其作用

函数属性	作用
figure	控制 dpi、边界颜色、图形大小和子区（subplot）设置
axes	设置坐标轴边界和表面的颜色、坐标刻度值的大小和网格的显示方式
font	设置字体大小和样式
grid	设置网格颜色和线型
legend	设置图例和其中的文本的显示
line	设置线条（颜色、线型、宽度等）和标记
patch	填充 2D 空间的图形对象，如多边形和圆，控制线宽、颜色及设置抗锯齿等
savefig	可以对保存的图形进行单独设置，例如，设置渲染文件的背景为白色
verbose	设置 matplotlib 在执行期间的信息输出
xticks yticks	为 x、y 轴的主刻度和次刻度设置颜色、大小、方向以及标签大小

表 5-7-2 线条形状（linestyle）

符号	含义	符号	含义
-	solid line style（实线）	-.	dash-dot line style（点划线）
--	dashed line style（虚线）	:	dotted line style（点线）

表 5-7-3 线条标记（marker）

符号	含义	符号	含义
.	point marker（点）	s	square marker（正方形）
,	pixel marker（像素）	p	pentagon marker（五边形）
o	circle marker（圆形	*	star marker（星形）
v	triangle_down marker（下三角）	h	hexagon1 marker（六角形 1）
^	triangle_up marker（上三角）	H	hexagon2 marker（六角形 2）
<	triangle_left marker（左三角）	+	plus marker（加号）
>	triangle_right marker（右三角）	x	x marker（x 型）
1	tri_down marker（下标记）	D	diamond marker（菱形）
2	tri_up marker（上标记）	d	thin_diamond marker 小菱形）
3	tri_left marker（左标记）	|	vline marker（竖线型）
4	tri_right marker（右标记）	_	hline marker（横线型）

表 5-7-4 颜色（color）

符号	含义	符号	含义
b	blue（蓝色）	m	magenta（洋红色）
g	green（绿色）	y	yellow（黄色）
r	red（红色）	k	black（黑色）
c	cyan（青色）	w	white（白色）

5.7.1 figure 函数

实例 46：创建 figure 窗口。

代码如下：

```
import matplotlib.pyplot as plt
fig=plt.figure()

plt.show()
```

运行结果如图 5-7-1 所示。

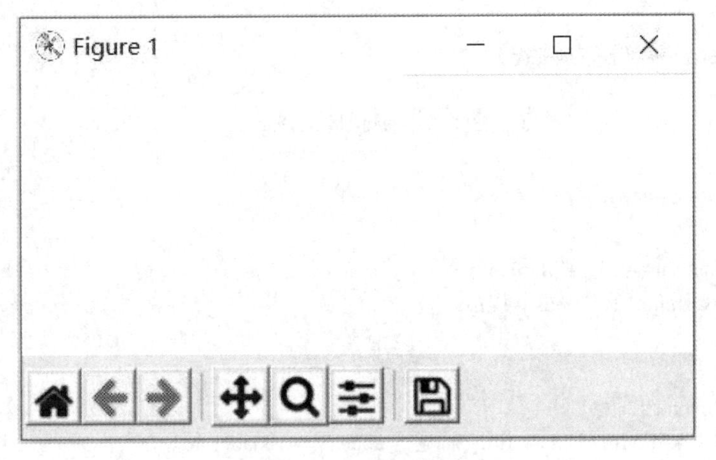

图 5-7-1　运行结果

说明：在绘图之前，首先需要设置 figure 窗口。

5.7.2　subplot 函数（建立单个子图）

实例 47：在 figure 窗口建立子图。

代码如下：

```
import matplotlib.pyplot as plt

fig=plt.figure()
ax=fig.add_subplot(111)

plt.show()
```

运行结果如图 5-7-2 所示。

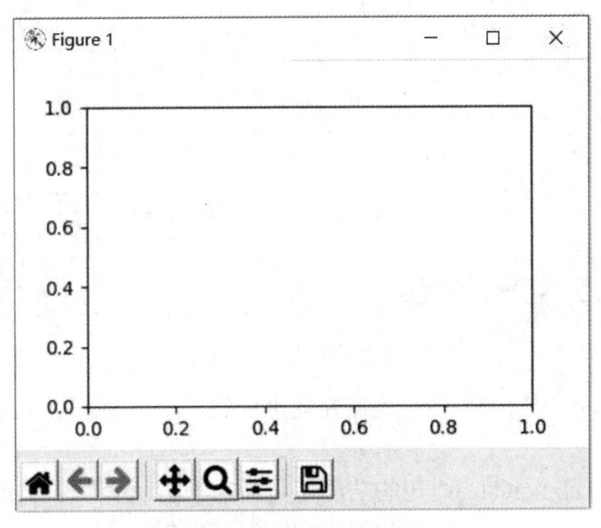

图 5-7-2　运行结果

说明：需要在 figure 窗口中建立子图作为具体绘图的区域。

5.7.3 axes 函数（建立轴线）

实例 48：为 figure 窗口中的子图设置坐标轴边界。

代码如下：

```
import matplotlib.pyplot as plt

plt.rcParams['font.sans-serif']=['SimHei']
plt.rcParams['axes.unicode_minus']=False

fig=plt.figure()
ax=fig.add_subplot(111)
ax.set(xlim=[0.5, 4.5], ylim=[-2, 8], title='标题',ylabel='y 轴', xlabel='x 轴')

plt.show()
```

运行结果如图 5-7-3 所示。

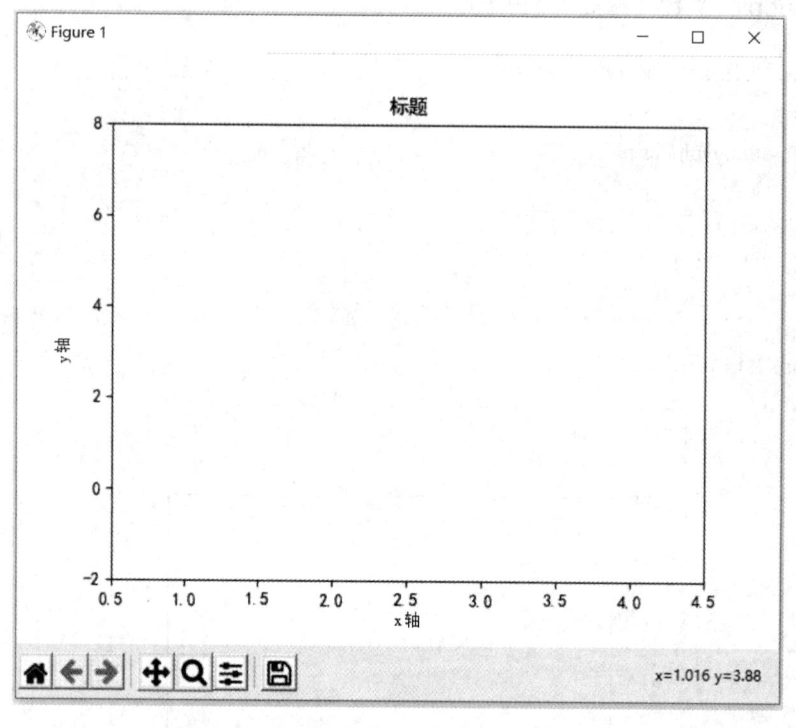

图 5-7-3 运行结果

说明：建立了 figure 窗口和子图，还需要建坐标轴，没有坐标轴就没有绘图基准，因此需要添加 axes（轴线）。

本实例中 fig.add_subplot(111)语句的功能就是添加子图，参数(111)指在子图的第 1 行第 1 列的第 1 个位置生成一个 axes 对象准备绘图。也可以通过 fig.add_subplot(2,2,1)的方式生成子图，该语句前面的两个参数确定了面板的划分，(2,2)会将整个面板划分成 2*2 的方格，第 3 个参数的取值范围是[1, 2*2]，表示第几个 axes。

5.7.4 subplot 函数（建立多个子图）

实例 49：在 figure 窗口中建立多个子图。

代码如下：

```
import matplotlib.pyplot as plt

fig=plt.figure()
ax1 = fig.add_subplot(221)
ax2 = fig.add_subplot(222)
ax3 = fig.add_subplot(224)

plt.show()
```

运行结果如图 5-7-4 所示。

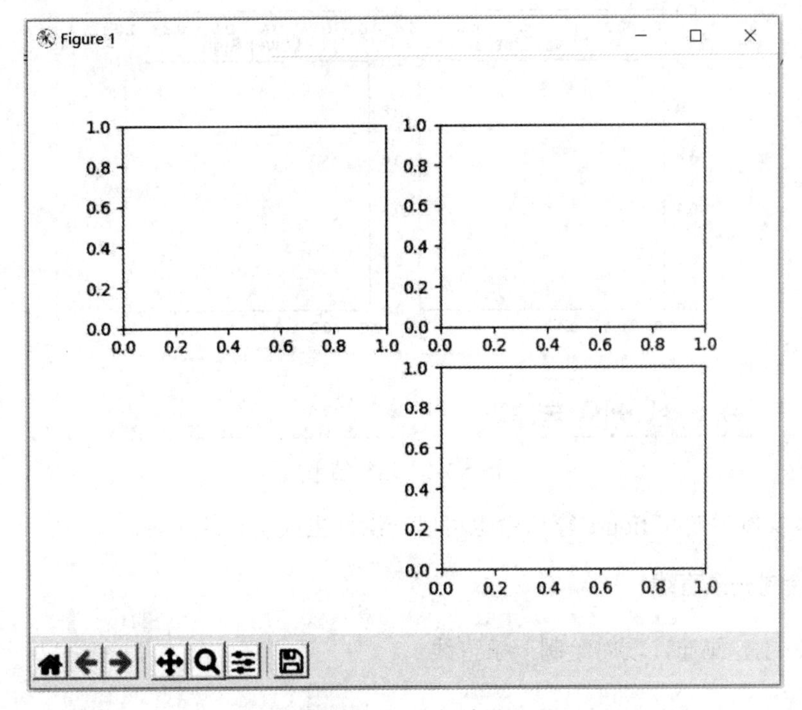

图 5-7-4 运行结果

5.7.5 subplot 函数（建立有轴线的子图）

实例 50：在 figure 窗口中生成所有 axes。

代码如下：

```
import matplotlib.pyplot as plt
fig, axes=plt.subplots(nrows=2, ncols=2)
axes[0,0].set(title='Upper Left')
axes[0,1].set(title='Upper Right')
axes[1,0].set(title='Lower Left')
axes[1,1].set(title='Lower Right')
```

```
plt.show()
```

运行结果如图 5-7-5 所示。

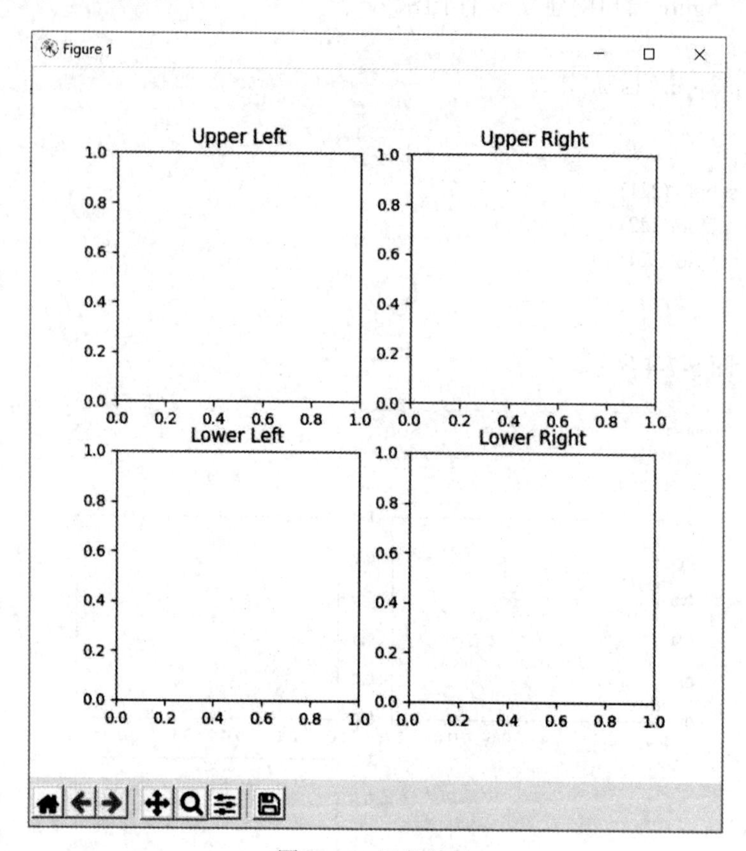

图 5-7-5 运行结果

说明：本实例说明在 figure 窗口中也可以一次性生成所有的 axes。

5.7.6 绘制一条直线

实例 51：创建画布，同时绘制一条直线。

代码如下：

```
import matplotlib.pyplot as plt
plt.figure()                                          #创建绘图区域
plt.plot([0,5],[2,7],linewidth=5,linestyle='solid')   #绘制直线

plt.show()
```

运行结果如图 5-7-6 所示。

说明：plot()适合简单的绘图，能快速地绘出图形。在处理复杂的绘图工作时，需要通过 axes 来完成。

本实例中，“[0,5],[2,7]”分别代表 x 轴的取值范围([0,5])和 y 轴的取值范围([2,7])，linewidth 表示线条的粗细，linestyle 表示线条的线型。

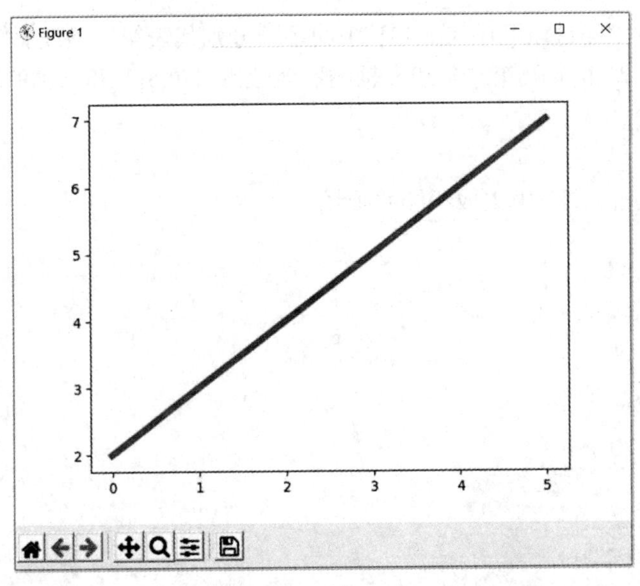

图 5-7-6　运行结果

5.7.7　绘制多条直线

实例 52：创建画布，同时绘制多条直线。

代码如下：

```
import matplotlib.pyplot as plt
plt.figure()                                                              #创建绘图区域
plt.plot([0,5],[1,6],[0,5],[8,13],linewidth=5,linestyle='solid')          #绘制直线

plt.show()
```

运行结果如图 5-7-7 所示。

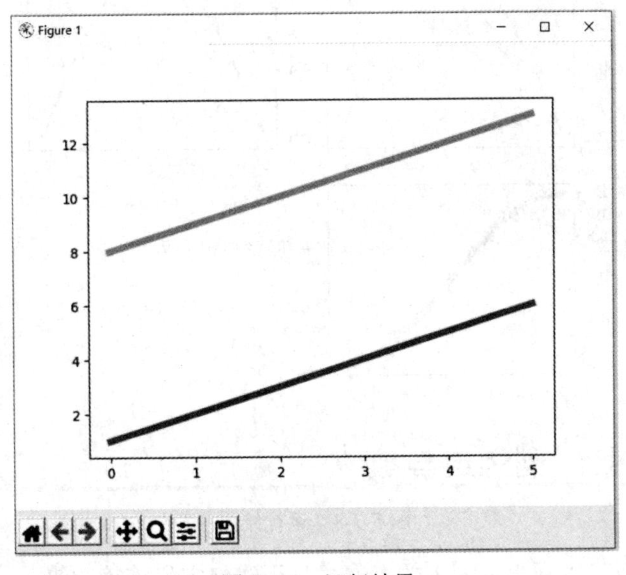

图 5-7-7　运行结果

说明：本实例中“[0,5],[1,6],[0,5],[8,13]”中的各项分别代表第一条线 x 轴的取值范围([0,5])和 y 轴的取值范围（[1,6]）及第二条线 x 轴的取值范围（[0,5]）和 y 轴的取值范围（[8,13]）。

5.7.8 绘制曲线

实例 53：在 figure 窗口中生成子图并画线。

代码如下：

```
import numpy as np
import matplotlib.pyplot as plt
x=np.linspace(0,np.pi)
ysin=np.sin(x)
ycos=np.cos(x)

fig=plt.figure()
ax1=fig.add_subplot(221)
ax2=fig.add_subplot(222)
ax3=fig.add_subplot(223)

ax1.plot(x,ysin)
ax2.plot(x,ysin,'-.',linewidth=2)
ax3.plot(x,ycos,color='blue',marker='<',linestyle='dashed')

plt.show()
```

运行结果如图 5-7-8 所示。

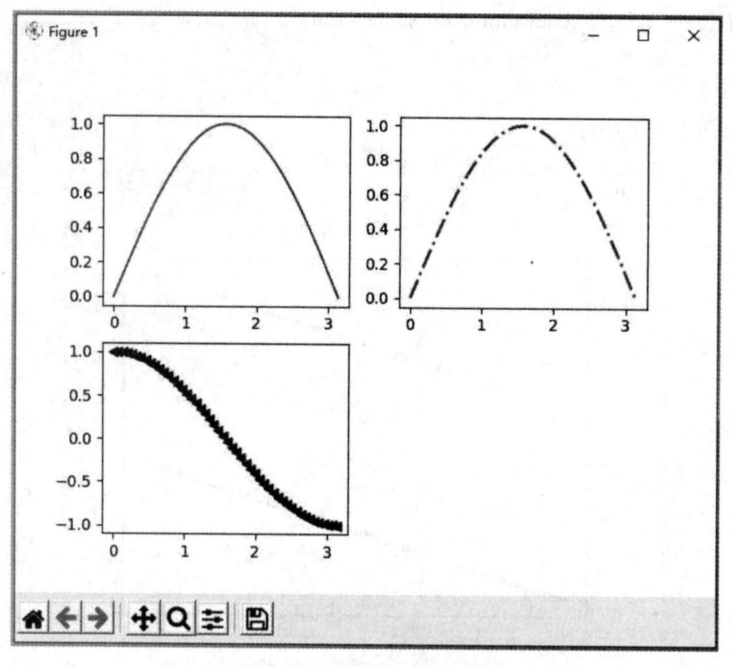

图 5-7-8 运行结果

说明：plot()函数可以画出一系列的点，并且用线将它们连接起来。

本实例中 plot()函数的前面两个参数分别为 x 轴、y 轴数据；ax2.plot()中的第 2 个参数表示“短虚线”，第 4 个参数是线条宽度；ax3.plot()中的后 3 个参数分别为颜色（color）、线条标记（marker）和线型（linestyle）。

5.7.9　创建 artist 对象

实例 54： 创建 artist 对象。

代码如下：

```
import matplotlib
import matplotlib.pyplot as plt
plt.rcParams['font.sans-serif']=['SimHei']
plt.rcParams['axes.unicode_minus']=False

fig=plt.figure()                          #创建一个区域
ax=fig.add_axes([0.1,0.5,0.8,0.5]) #add_axes()新增子区域
ax.set_xlabel('x 轴')                     #设置 x 轴
ax.set_ylabel('y 轴')                     #设置 y 轴
line=ax.plot([0,5],[0,1])                 #绘图

plt.show()
```

运行结果如图 5-7-9 所示。

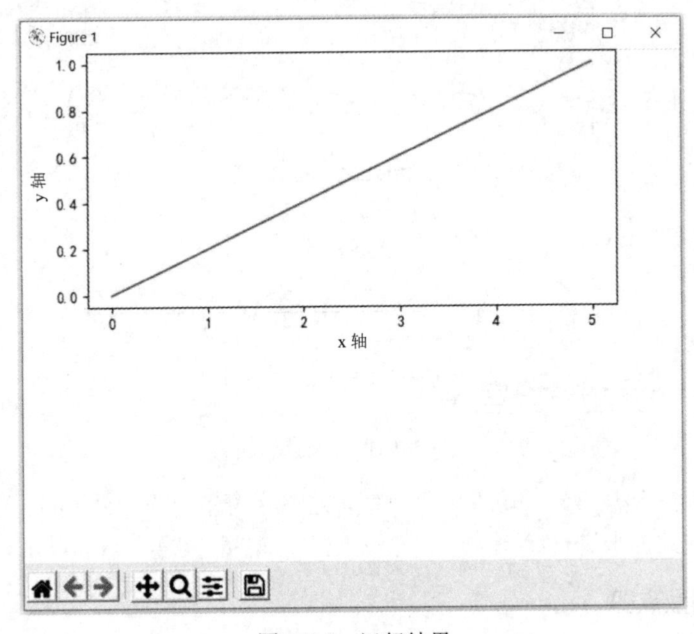

图 5-7-9　运行结果

说明：axes 容器是整个 matplotlib 的核心，它包含了组成图表的众多的 artist 对象，并且具有很多方法。常用的 Line2D、Xaxis、Yaxis 等都是 axes 的属性，通过对象的属性可以设置坐标轴的标签、范围等，可以用 plt.getp()查看它的属性，通过 set_属性名()函数来进行设置。

add_axes()的参数是一个形如[left,bottom,width,height]的列表，取值范围在 0 与 1 之间，表

示子区域在主区域中绘图时所占的百分比。

5.7.10 通过关键字参数进行绘图

实例 55：通过关键字参数的方式进行绘图。

代码如下：

```
import matplotlib.pyplot as plt
import numpy as np
x=np.linspace(0,10,200)
mm={'mean':0.5*x*np.cos(2*x)+2.1*x}

fig,ax=plt.subplots()
ax.plot('mean',data=mm)   #绘制“中心线”

plt.show()
```

运行结果如图 5-7-10 所示。

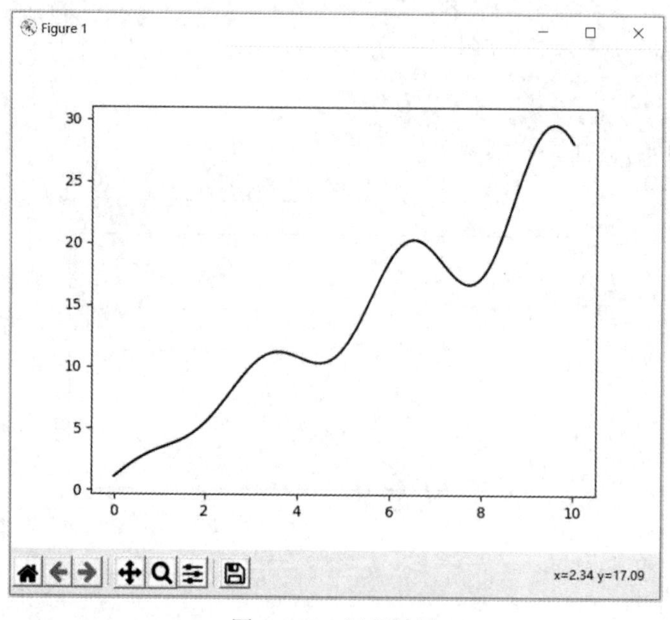

图 5-7-10 运行结果

说明：本实例在数据部分只传入了字符串，这些字符串对应 data 中的关键字，在 data 中寻找对应关键字的数据来进行绘图。

5.7.11 绘制散点图

实例 56：绘制散点图。

代码如下：

```
import matplotlib.pyplot as plt
import numpy as np
x=np.arange(10)
```

```
y=np.random.randn(10)
plt.scatter(x,y,color='red',marker='+')

plt.show()
```

运行结果如图 5-7-11 所示。

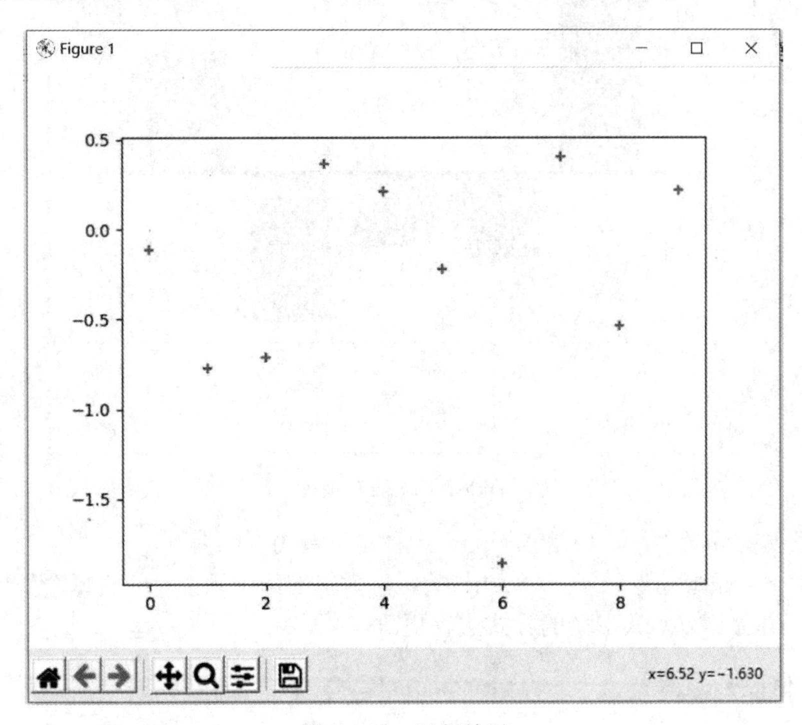

图 5-7-11　运行结果

说明：散点图只画点，不用线将点进行连接。

5.7.12　绘制条形图

实例 57：绘制水平条形图。

代码如下：

```
import matplotlib.pyplot as plt
import numpy as np
np.random.seed(1)                          #控制产生的随机数的数值不变
x=np.arange(5)
y=np.random.randn(5)

fig,axes=plt.subplots()
axes.bar(x,y,color='red')                  #绘图

axes.axhline(0,color='black',linewidth=3)  #画线

plt.show()
```

运行结果如图 5-7-12 所示。

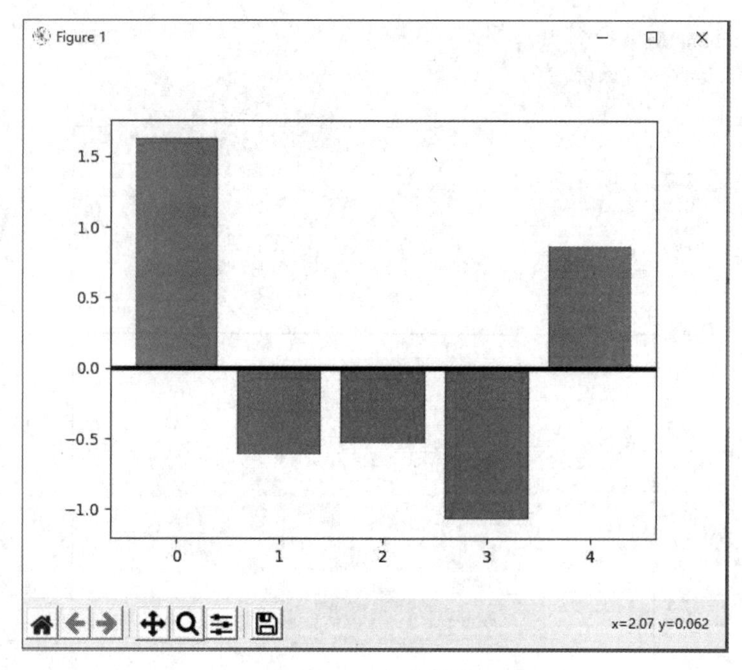

图 5-7-12　运行结果

说明：条形图分两种，一种是水平的，一种是垂直的。

在本实例中，条形图返回了一个 artist 数组，数组的每个元素对应着每个条形，数组的大小为 5，通过 artist 可以对条形图的样式进行更改。

5.7.13　修改条形图

实例 58：修改条形图的样式。

代码如下：

```
import matplotlib.pyplot as plt
import numpy as np
np.random.seed(1)
x=np.arange(5)
y=np.random.randn(5)

fig,axes=plt.subplots()
kk=axes.bar(x,y,color='red',align='center')

for bar,height in zip(kk,y):
    if height<0:
        bar.set(color='yellow',edgecolor='darkred',linewidth=2)

plt.show()
```

运行结果如图 5-7-13 所示。

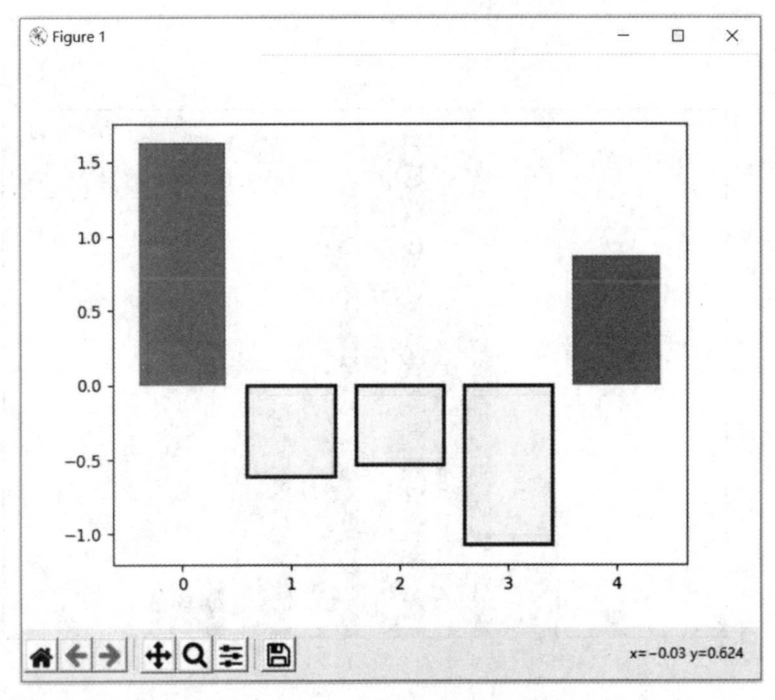

图 5-7-13　运行结果

5.7.14　绘制直方图

实例 59：绘制直方图。

代码如下：

```
import matplotlib.pyplot as plt
import numpy as np
plt.rcParams['font.sans-serif']=['SimHei']
plt.rcParams['axes.unicode_minus']=False
np.random.seed(1)                    #控制产生的随机数的数值不变
y=10
x=np.random.randn(1000,3)            #产生 1000×3 维数组

fig=plt.figure()
ax=fig.add_subplot(111)

colors=['red','tan','lime']
ax.hist(x,y,density=True,histtype='bar',color=colors,label=colors)
ax.legend(prop={'size':10})          #加入图例
ax.set_title('直方图')               #加入标题
plt.show()
```

运行结果如图 5-7-14 所示。

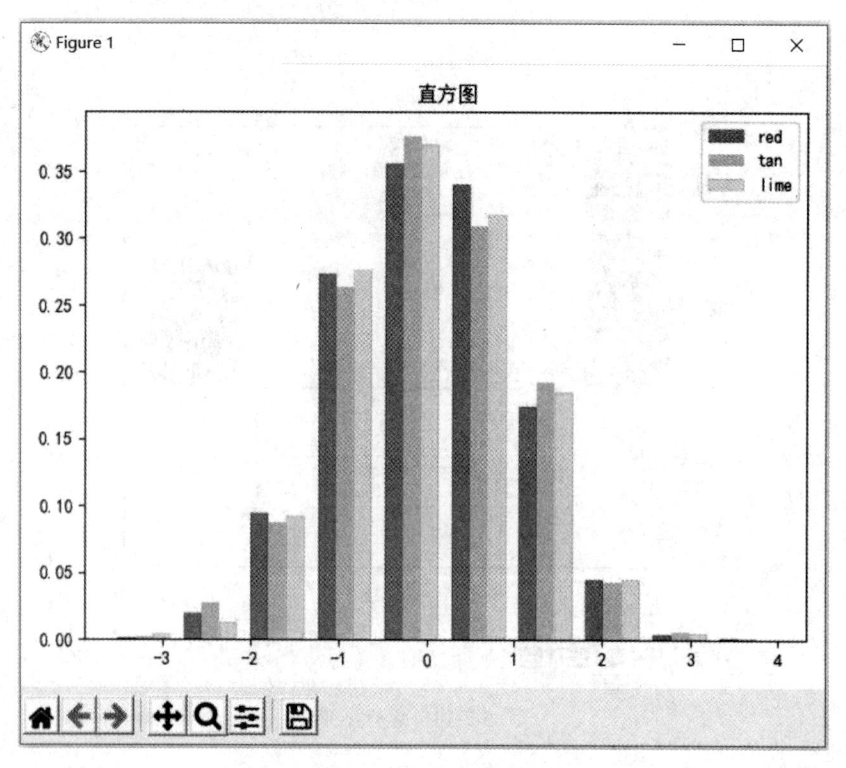

图 5-7-14　运行结果

说明：直方图用于统计数据出现的次数或者频率，有多种参数可以进行调整。

本实例中，参数 density 用于控制 y 轴表示概率还是数量（与返回的第 1 个变量对应）；histtype 控制着直方图的样式，默认是 bar。

5.7.15　绘制饼图

实例 60：绘制饼图。

代码如下：

```
import matplotlib.pyplot as plt
import numpy as np
plt.rcParams['font.sans-serif']=['SimHei']
plt.rcParams['axes.unicode_minus']=False

bj='一班','二班','三班','四班'
rs=[15,30,45,10]

fig=plt.figure()
ax=fig.add_subplot(111)

ax.pie(rs,labels=bj,autopct='%1.1f%%',shadow=True)

plt.show()
```

运行结果如图 5-7-15 所示。

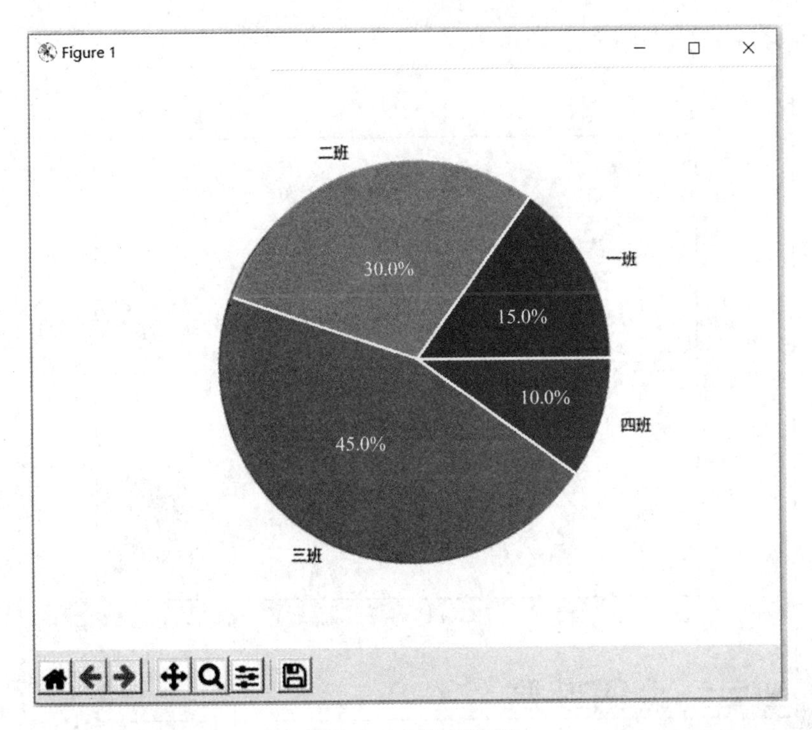

图 5-7-15　运行结果

说明：饼图自动根据数据的百分比画饼；labels 是各个块的标签；autopct=%1.1f%%表示格式化百分比进行精确输出。

5.7.16　绘制气泡图

实例 61：绘制气泡图。

代码如下：

```
import matplotlib.pyplot as plt
import numpy as np
np.random.seed(20000101)

N=50
x=np.random.rand(N)
y=np.random.rand(N)
colors=np.random.rand(N)
area=(30*np.random.rand(N))**2    #散点半径

plt.scatter(x,y,s=area,c=colors,alpha=0.5)

plt.show()
```

运行结果如图 5-7-16 所示。

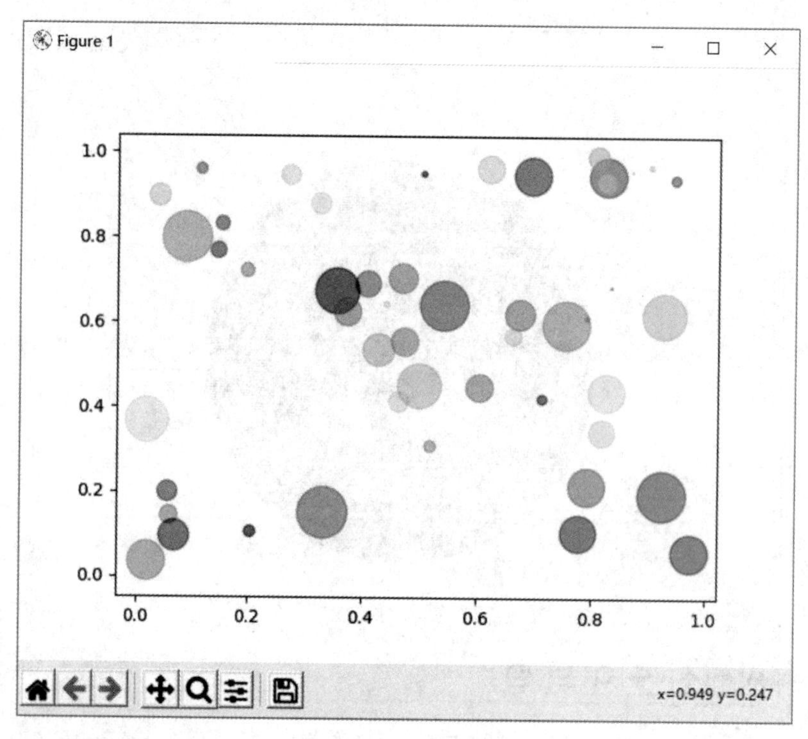

图 5-7-16　运行结果

说明：气泡图是散点图的一种，可以理解成普通散点图，气泡图可以体现散点的大小。

5.7.17　绘制轮廓图

实例 62：绘制轮廓图。

代码如下：

```
import matplotlib.pyplot as plt
import numpy as np
fig=plt.figure()
ax=fig.add_subplot(111)

x=np.arange(-5,5,0.1)
y=np.arange(-5,5,0.1)
xx,yy=np.meshgrid(x,y,sparse=True)
z=np.sin(xx**2+yy**2)/(xx**2+yy**2)
ax.contour(x,y,z)

plt.show()
```

运行结果如图 5-7-17 所示。

说明：描绘边界的时候需要用到轮廓图。

本实例中，x、y 可以为一维向量，但是必须有 z.shape=(y.n, x.n)，这里 y.n 和 x.n 分别表示 x、y 的长度，z 通常表示距离 xy 平面的距离，传入 x、y 则是控制了绘制轮廓图的范围。

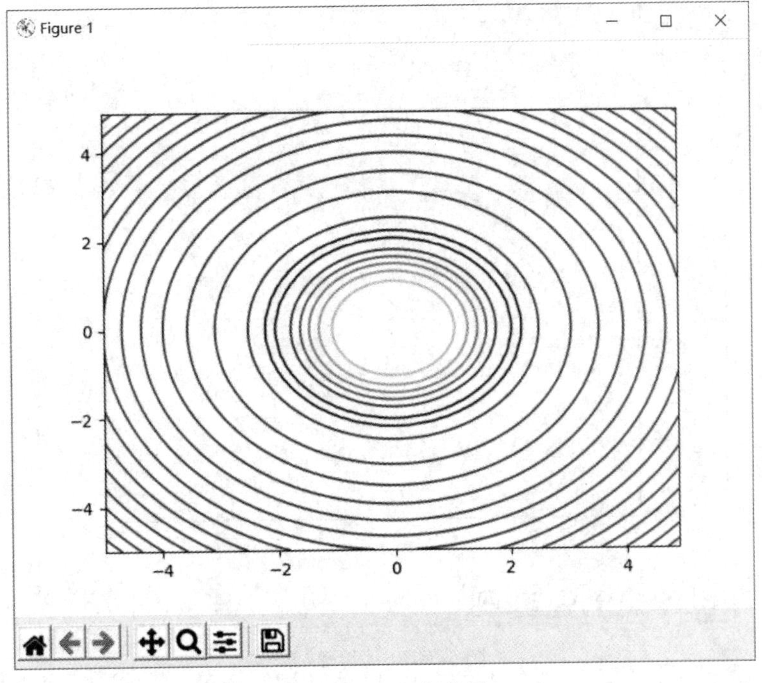

图 5-7-17　运行结果

5.7.18　设置区间上下限

实例 63：设置区间上下限。

代码如下：

```
import matplotlib.pyplot as plt
import numpy as np
x=np.linspace(0,2*np.pi)
y=np.sin(x)
fig=plt.figure()
ax=fig.add_subplot(111)
ax.plot(x,y)
ax.set_xlim([-2,8])
ax.set_ylim([-3,2])

plt.show()
```

运行结果如图 5-7-18 所示。

说明：当完成绘画后，会发现 x、y 轴的区间是可以自动调整的，并不是跟传入的 x、y 轴数据中的值相同。可以使用下面的方式调整区间（修改区间之后会影响图片的显示效果）。

```
ax.set_xlim([xmin, xmax])                #设置 x 轴的区间
ax.set_ylim([ymin, ymax])                #y 轴区间
ax.axis([xmin, xmax, ymin, ymax])        #x、y 轴区间
ax.set_ylim(bottom=-10)                  #y 轴下限
ax.set_xlim(right=25)                    #x 轴上限
```

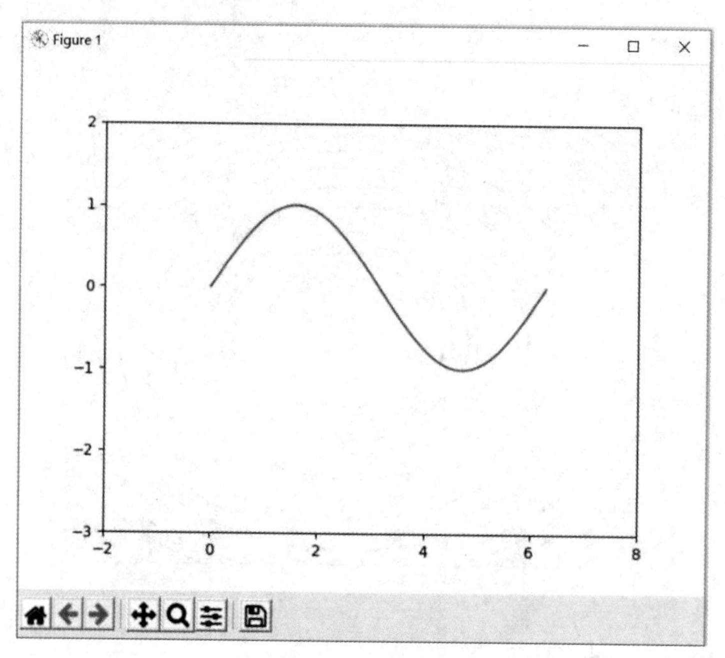

图 5-7-18 运行结果

5.7.19 添加图例说明

实例 64：添加图例说明。

代码如下：

```
import matplotlib.pyplot as plt
import numpy as np
plt.rcParams['font.sans-serif']=['SimHei']
plt.rcParams['axes.unicode_minus']=False

fig,ax=plt.subplots()
ax.plot([1,2,3,4],[10,20,25,30],label="新疆")
ax.plot([1,2,3,4],[30,23,13,4],label="上海")
ax.scatter([1,2,3,4],[20,10,30,15],label="北京")

ax.set(ylabel="温度",xlabel="时间",title="对比图")
ax.legend(loc=3)                #设置图例在左下角

plt.show()
```

运行结果如图 5-7-19 所示。

说明：在一个 axes 上多次绘画会分不清各条线或点所代表的意思，添加图例说明可解决这个问题。在绘图时传入 label 参数，最后调用 ax.legend()显示图例说明。可以在 legend()函数中传入参数控制图例说明所显示的位置，具体参数说明见表 5-7-5。

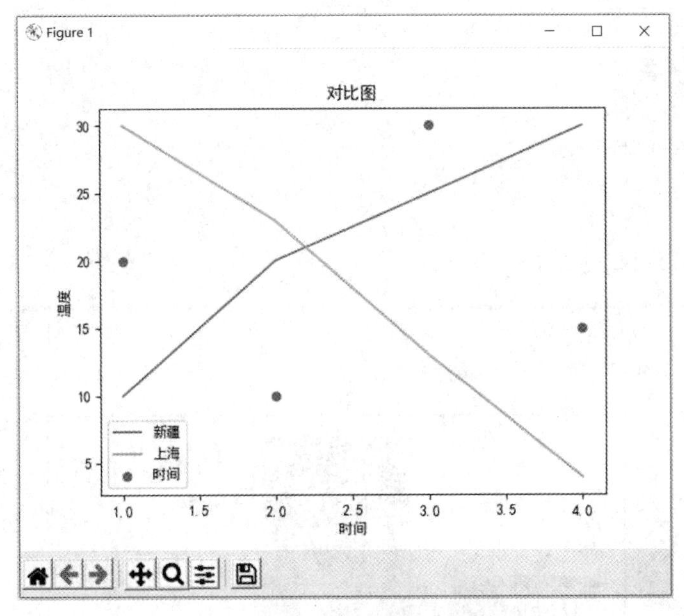

图 5-7-19　运行结果

表 5-7-5　图例位置及代码参数

位置	代码参数	含义	位置	代码参数	含义
best	0	最佳	center left	6	居中偏左
upper right	1	右上角	center right	7	居中偏右
upper left	2	左上角	lower center	8	居中偏下
lower left	3	左下角	upper center	9	居中偏上
lower right	4	右下角	center	10	居中
right	5	右侧			

5.7.20　设置区间分段

实例 65：设置区间分段。

代码如下：

```
import matplotlib.pyplot as plt
import numpy as np
plt.rcParams['font.sans-serif']=['SimHei']
plt.rcParams['axes.unicode_minus']=False

data=[('苹果',2),('橘子',3),('桃子',1)]
fruit,value=zip(*data)

fig=plt.figure()
ax=fig.add_subplot(111)
```

```
x=np.arange(len(fruit))
ax.bar(x,value)
ax.set(xticks=x,xticklabels=fruit)

plt.show()
```

运行结果如图 5-7-20 所示。

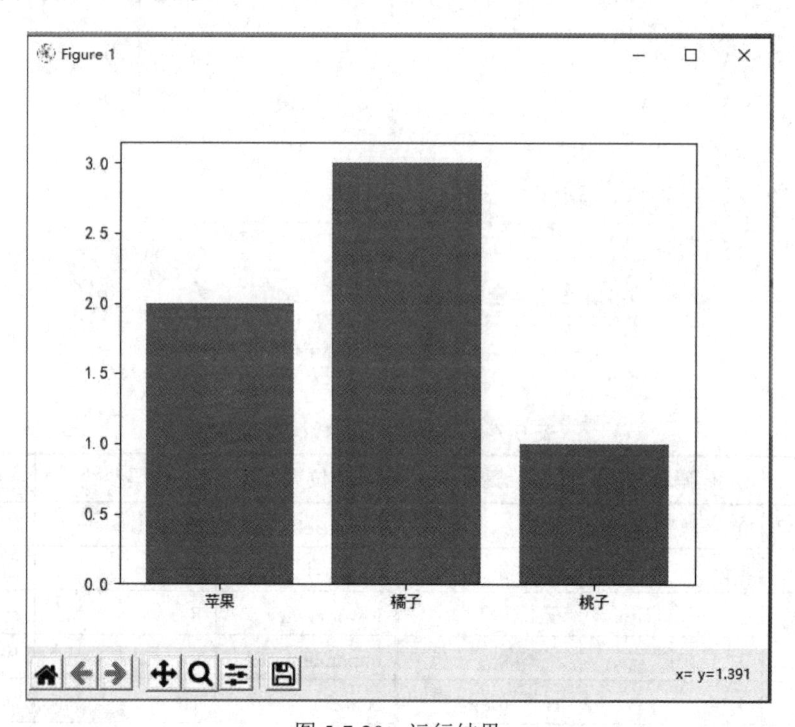

图 5-7-20　运行结果

说明：默认情况下，绘图结束之后，axes 会自动地控制区间的分段。本实例中修改了 x 轴的区间段，同时将显示的信息修改为文本。

5.7.21　设置布局（具有不同的轴线）

实例 66：设置布局。

代码如下：

```
import matplotlib.pyplot as plt
import numpy as np
fig,axes=plt.subplots(2,2,figsize=(9,9))
fig.subplots_adjust(wspace=0.5,hspace=0.3,left=0.125,right=0.9,top=0.9,bottom=0.1)

plt.show()
```

运行结果如图 5-7-21 所示。

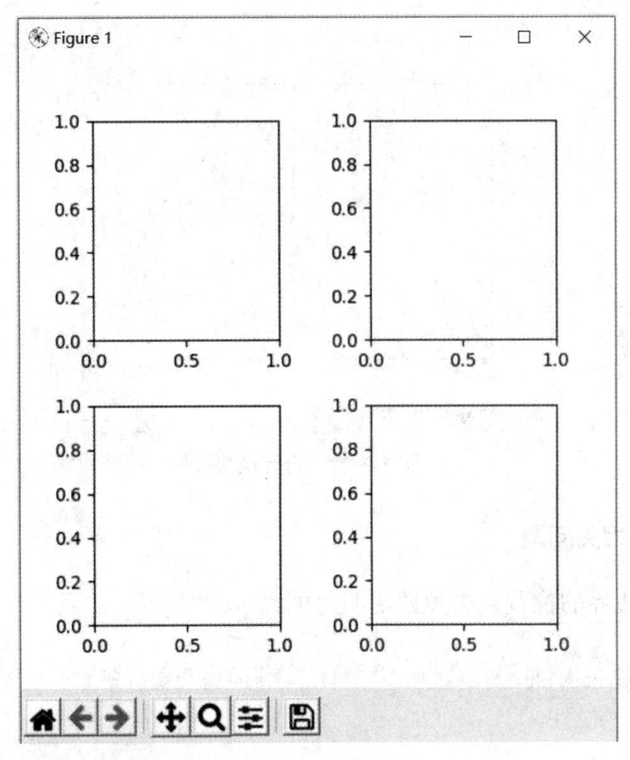

图 5-7-21　运行结果

说明：当绘制多个子图时，会存在一些美观的问题，例如，子图之间的间隔、子图与画板的外边间距以及子图的内边距等。

本实例通过 fig.subplots_adjust()修改了子图水平之间的间隔（wspace=0.5）、垂直方向上的间距（hspace=0.3）、左边距（left=0.125）等，这里的数值都是百分比。以 [0,1] 为区间，选择 left、right、bottom、top，如果 top 和 right 是 0.9，表示上、右边距分别为总高、总宽的 10%；当不确定如何调整时，fig.tight_layout()可以自动调整布局，使标题之间不重叠。

5.7.22　设置布局（具有相同的轴线）

实例 67：实例 66 中的 4 个子图，它们的 x 轴、y 轴的区间是一致的，这样显示不美观，本实例通过调整使它们使用相同的 x 轴、y 轴。

代码如下：

```
import matplotlib.pyplot as plt
import numpy as np
fig,(ax1, ax2)=plt.subplots(1,2,sharex=True,sharey=True)
ax1.plot([1,2,3,4],[1,2,3,4])
ax2.plot([3,4,5,6],[6,5,4,3])

plt.show()
```

运行结果如图 5-7-22 所示。

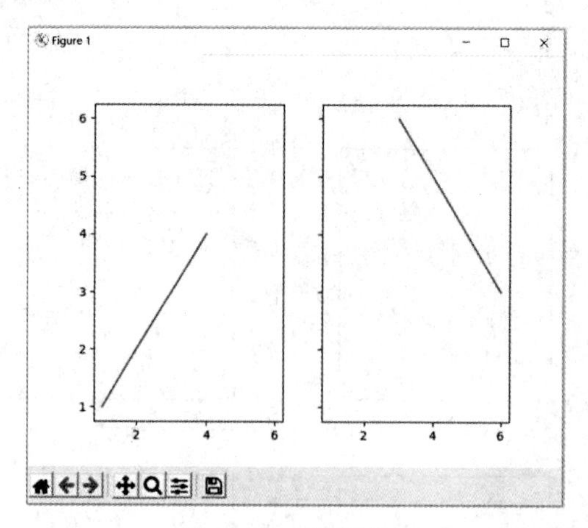

图 5-7-22　运行结果

5.7.23　设置轴相关问题

实例 68：改变边界的位置，去掉四周的边框。

代码如下：

```
import matplotlib.pyplot as plt

fig,ax=plt.subplots()
ax.plot([-2,2,3,4],[-10,20,25,5])

ax.spines['top'].set_visible(False)                #上边界不可见
ax.spines['right'].set_visible(False)              #右边界不可见

ax.spines['bottom'].set_position(('data',0))       #移动 x 轴
ax.spines['left'].set_position(('data',0))         #移动 y 轴

plt.show()
```

运行结果如图 5-7-23 所示。

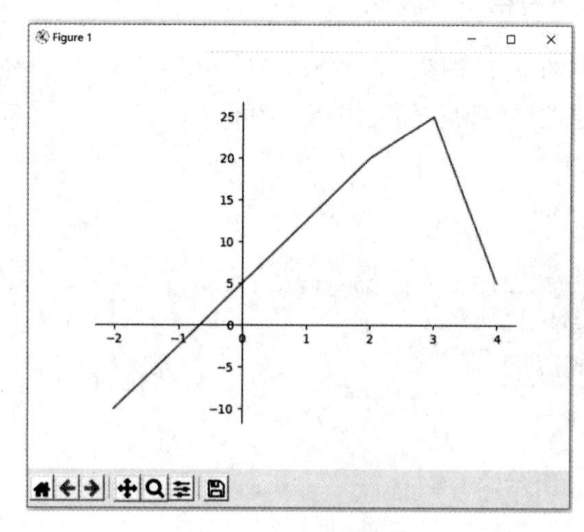

图 5-7-23　运行结果

5.7.24　正弦曲线

实例 69：绘制正弦曲线。

代码如下：

```
import numpy as np
import matplotlib.pyplot as plt
plt.rcParams['font.sans-serif']=['SimHei']
plt.rcParams['axes.unicode_minus']=False

plt.figure()                                    #创建对象
x=np.arange(0.0,4.0,0.1)
y=np.sin(np.pi*x)
plt.plot(t,s,'r--*',label='正弦曲线')            #红色、虚线、星形

plt.legend()                                    #显示图标
plt.xlabel('时间')                              #设置 x 轴的标签
plt.ylabel('电流')                              #设置 y 轴的标签
plt.title('正弦曲线')                           #设置标题
plt.grid(True)                                  #显示网格

plt.show()
```

运行结果如图 5-7-24 所示。

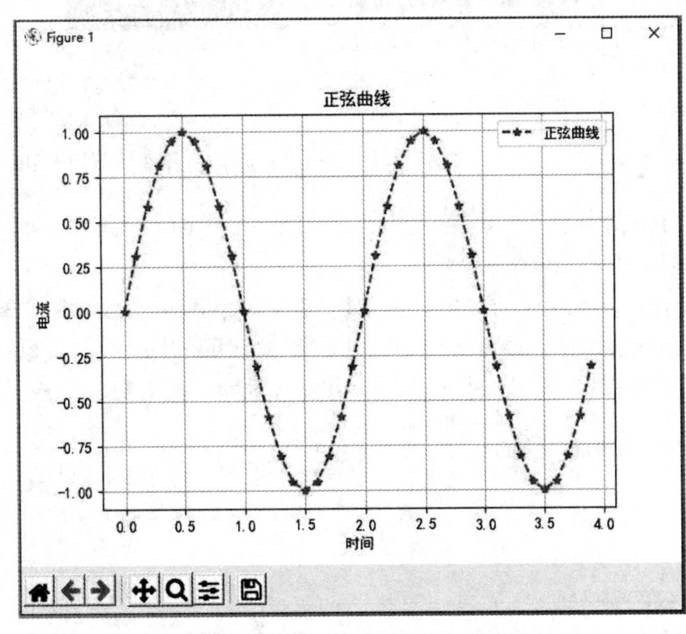

图 5-7-24　运行结果

5.7.25　subplot()函数

实例 70：制作不同颜色的子图。

代码如下：

```
import matplotlib.pyplot as plt
import numpy as np

for i,color in enumerate('rgbyck'):
    plt.subplot(321+i,facecolor=color)
plt.show()
```

运行结果如图 5-7-25 所示（图中 6 个图形颜色各不相同）。

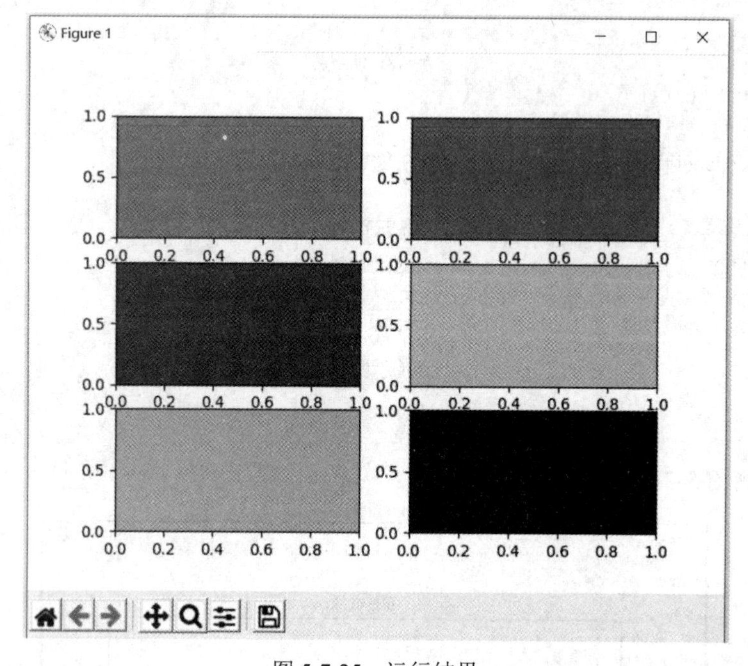

图 5-7-25 运行结果

说明：subplot(m,n,p)函数的作用是将多个图画到一个平面上，其中，m 代表行，n 代表列，p 表示图所在的位置。

subplot()函数返回一个 axes 的对象，函数格式为 subplot(m,n,p)，当其 3 个参数都小于 10 时，可以把它们写在一起。enumerate() 函数用于将一个可遍历的数据对象（如列表、元组或字符串）组合为一个索引序列，同时列出数据和数据下标，其参数 rgbyck 表示不同的颜色。

5.7.26 subplot_adjust()函数

实例 71：填充彩色子图。

代码如下：

```
import matplotlib.pyplot as plt
import numpy as np

plt.subplots_adjust(left=0.125, bottom=0.1, right=0.9, top=0.9, wspace=0.5, hspace=0.5)
x=np.arange(0.1,4.0,0.1)
y1=x**2
y2=x**(1/2)
```

```
y3=x**(-1)
y4=x**(3)

plt.subplot(221)
plt.plot(x,y1,'r')          #红色
plt.subplot(222)
plt.plot(x,y2,'b')          #蓝色
plt.subplot(223)
plt.plot(x,y3,'y')          #黄色
plt.subplot(224)
plt.plot(x,y4,'k')          #黑色

plt.show()
```

运行结果如图 5-7-26 所示。

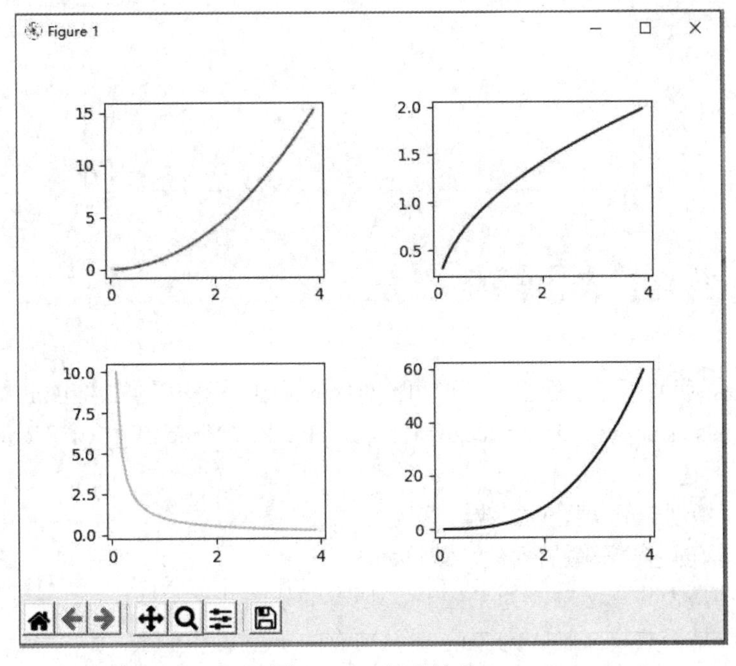

图 5-7-26　运行结果

说明：subplot_adjust()函数的作用是对画的多个子图进行调整及优化间隔，共有 left、right、bottom、top、wspace、hspase 六个参数，取值为 0～1。

图的排序（第 2 个子图的位置为第 1 行第 2 列）是按行优先；linspace()函数的格式为 linspace(起始点,结束点,点数)，其中点数默认为 50。

5.7.27　subplots()函数

实例 72：创建画布和子图。

代码如下：

```
import matplotlib.pyplot as plt
```

```
plt.subplots(nrows=1,ncols=1,sharex=False,sharey=False)

plt.show()
```

运行结果如图 5-7-27 所示。

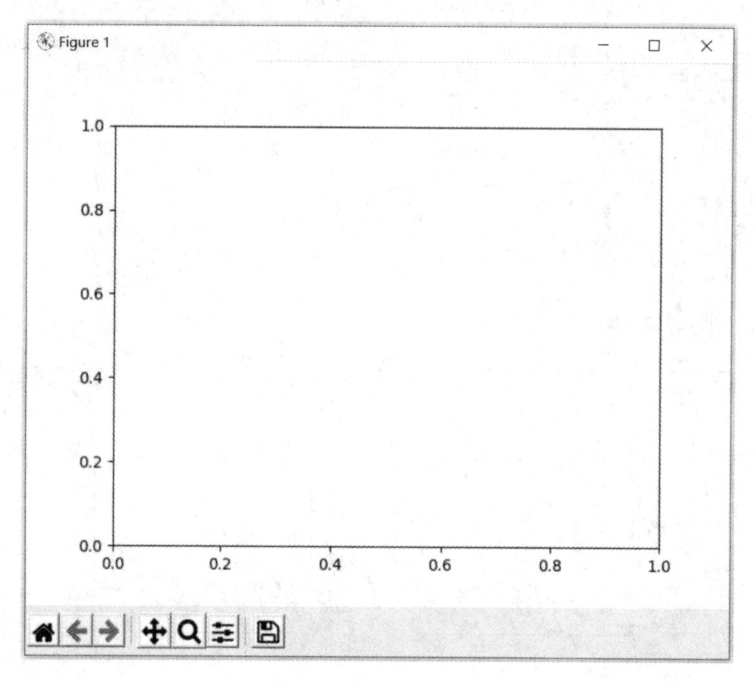

图 5-7-27 运行结果

说明：subplots()函数可以返回包含图形和轴对象的元组，在本实例的语句 plt.subplots(nrows=1, ncols=1,sharex=False,sharey=False,squeeze=True,subplot_kw=None, fig_kw=None)中，几个主要参数的意义如下所述。

- nrows：指创建的子图的行数，默认为 1。
- ncols：指创建的子图的列数，默认为 1。
- sharex：是否共享 x 轴，为 Ture 时，所有的子图共享 x 轴。
- sharey：是否共享 y 轴，为 Ture 时，所有的子图共享 y 轴。
- squeeze：控制返回值，为 Ture 时，返回的 axis 只有一个，表示为标量；如果是一行或一列，则表示为一维数组；如果是多行多列，则表示为二维数组；为 False 时，则全部以二维数组的方式返回。

5.7.28 subplots()函数返回值

实例 73：subplots()函数返回值。

代码如下：

```
import matplotlib.pyplot as plt
import numpy as np
plt.rcParams['font.sans-serif']=['SimHei']
plt.rcParams['axes.unicode_minus']=False
```

```
x=range(0,30,1)
y=np.sin(x)

f,(ax1,ax2)=plt.subplots(2,1,sharex=True)   #接收返回的两个对象

ax1.plot(x,y)
ax1.set_title('共享 x 轴')
ax2.scatter(x,y)

plt.show()
```

运行结果如图 5-7-28 所示。

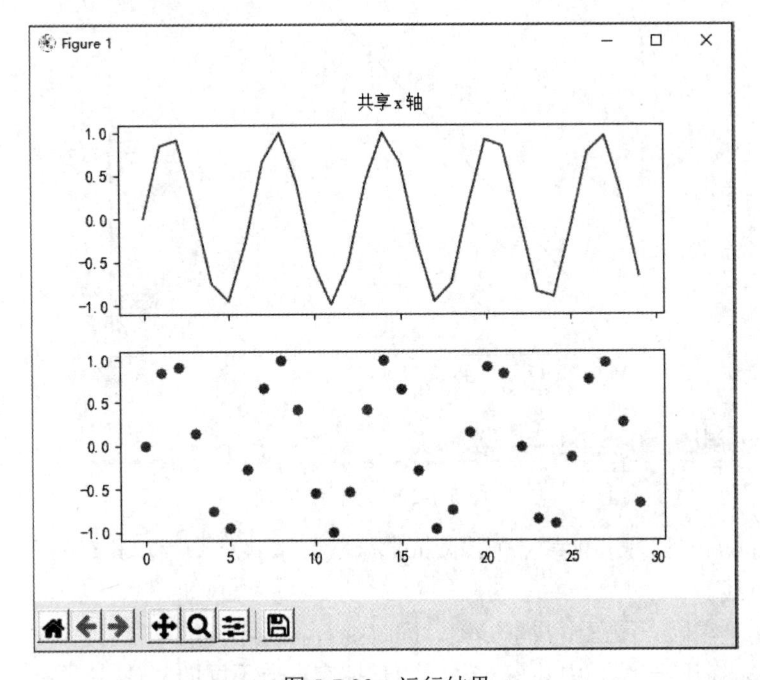

图 5-7-28 运行结果

说明：plt.subplots()函数返回一个包含 figure 和 axes 对象的元组。

5.7.29 twinx()函数及 twiny()函数

实例 74：twinx()函数共享 x 轴。

代码如下：

```
import matplotlib.pyplot as plt
import numpy as np

fig=plt.figure(1)
ax1=plt.subplot(111)
ax2=ax1.twinx()
```

```
ax1.plot(np.arange(1,5),'g--')
ax1.set_ylabel('ax1',color='r')
ax2.plot(np.arange(7,10),'b-')
ax2.set_ylabel('ax2',color='b')

plt.show()
```

运行结果如图 5-7-29 所示。

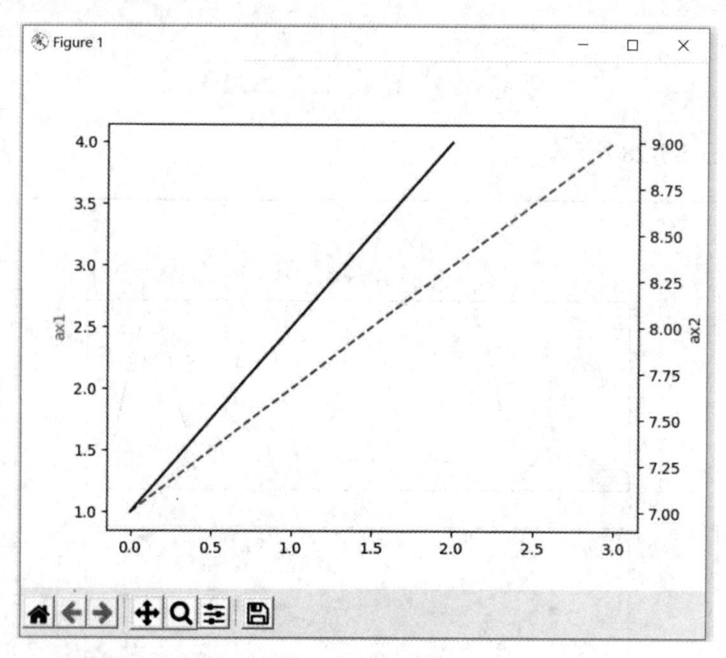

图 5-7-29 运行结果

说明： twinx()函数表示共享 x 轴；twiny()函数表示共享 y 轴。共享的意思就是 x 轴或 y 轴使用同一刻度线。

- twinx()：在同一图画中共享 x 轴，同时拥有各自不同的 y 轴。
- twiny()：在同一图画中共享 y 轴，同时拥有各自不同的 x 轴。

5.8 numpy 库——科学计算软件包

numpy 的全称为 Numerical Python，是 Python 语言的第三方库。numpy 库对数组运算提供了大量的函数库，同时支持数组与矩阵运算，是处理大量数组类结构的基础库。numpy 数组的生成包括：数组属性；数组数据的选取；数组数据的预处理；矩阵运算函数；统计运算函数；算数运算函数；概论运算函数；比较运算函数；其他运算函数等。

5.8.1 数组的创建（通过 array()创建）

实例 75：创建一个二维数组，分别输出其维度、维度的大小、元素的总数、元素类型。

代码如下：

```
import numpy as np
x=np.array([[1.0,3.0,0.0],[0.0,1.0,2.0]]) #定义二维数组,大小为(2,3)

print(x)
print(x.ndim)          #输出数组维度数
print(x.shape)         #输出数组的维数
print(x.size)          #输出数组元素的总数
print(x.dtype)         #输出数组元素类型
```

运行结果如下：

```
[[1. 3. 0.]
 [0. 1. 2.]]
2
(2, 3)
6
float64
>>> |
```

5.8.2 数组的创建（通过 arange()创建）

实例 76：数组也可以通过 arange()函数创建，在 arange(a,b,c)中，a、b、c 三个参数分别代表开始值、结束值和步长。

代码如下：

```
import numpy as np
print(np.arange(15).reshape(5,3))   #创建二维数组并输出
print("==================")
print(np.arange(10,30,5))           #创建一维数组并输出
print("==================")
print(np.arange(0,2,0.3))           #创建一维数组并输出
print("==================")
print(np.linspace(0,2,9))           #创建一维数组并输出
```

运行结果如下：

```
[[ 0  1  2]
 [ 3  4  5]
 [ 6  7  8]
 [ 9 10 11]
 [12 13 14]]
==================
[10 15 20 25]
==================
[0.  0.3 0.6 0.9 1.2 1.5 1.8]
==================
[0.   0.25 0.5  0.75 1.   1.25 1.5  1.75 2.  ]
>>> |
```

说明：linspace(a,b,c)中的参数分别表示开始值、结束值、元素数量。

5.8.3 特殊数组

实例 77：分别输出 zeros 数组、ones 数组、empty 数组。

代码如下：

```
import numpy as np

print(np.zeros((3,4)))
print("==================")
print(np.ones((2,3,4)))
print("==================")
print(np.empty((5,3)))
```

运行结果如下：

```
[[0. 0. 0. 0.]
 [0. 0. 0. 0.]
 [0. 0. 0. 0.]]
==================
[[[1. 1. 1. 1.]
  [1. 1. 1. 1.]
  [1. 1. 1. 1.]]

 [[1. 1. 1. 1.]
  [1. 1. 1. 1.]
  [1. 1. 1. 1.]]]
==================
[[6.23042070e-307 4.67296746e-307 1.69121096e-306]
 [8.90077926e-308 1.89146896e-307 7.56571288e-307]
 [3.11525958e-307 1.24610723e-306 1.37962320e-306]
 [1.29060871e-306 2.22518251e-306 1.33511969e-306]
 [1.78022342e-306 1.05700345e-307 2.71736105e-322]]
>>> |
```

说明：

zeros 数组：全零数组，元素全为零。

ones 数组：全 1 数组，元素全为 1。

empty 数组：空数组，元素全近似为 0。

5.8.4 数组索引

实例 78：创建数组并以索引方式输出其中部分内容。

代码如下：

```
import numpy as np

c=np.arange(24).reshape(2,3,4)
print(c)
print("===========")
print(c[1,2,:])          #输出数组中第 2 个数组（大数组中包含两个大小数组，下同）中的第 3 行
print("===========")
print(c[0,2,3])          #输出数组中第 1 个数组中的第 3 行第 4 列
```

运行结果如下：

```
[[[ 0  1  2  3]
  [ 4  5  6  7]
  [ 8  9 10 11]]

 [[12 13 14 15]
  [16 17 18 19]
  [20 21 22 23]]]
===========
[20 21 22 23]
===========
11
>>> |
```

说明：numpy 数组中的每个元素（每行元素、每列元素）都可以用索引进行访问。

5.8.5 数组运算

实例 79：对数组进行运算。

代码如下：

```
import numpy as np

a=np.array([20,30,40,50])
b=np.arange(1,5)
print(a/b)                    #除运算
print("===========")
c=np.arange(4)
print(c)
print("===========")
d=a-c                         #减运算
print(d)
print("===========")
print(c**2)                   #乘方运算
print("===========")
e=np.array([[1,1],[0,1]])
print(e)
print("===========")
f=np.array([[2,0],[3,4]])
print(f)
print("===========")
print(e*f)                    #乘运算
print("===========")
print(e.sum())                #求和
print("===========")
print(e.min())                #求最小值
print("===========")
print(e.max())                #求最大值
```

运行结果如下：

```
[20.         15.         13.33333333 12.5        ]
===========
[0 1 2 3]
===========
[20 29 38 47]
===========
[0 1 4 9]
===========
[[1 1]
 [0 1]]
===========
[[2 0]
 [3 4]]
===========
[[2 0]
 [0 4]]
===========
3
===========
0
===========
1
>>> |
```

说明：数组的加、减、乘、除以及乘方运算方式为，相应位置的元素分别进行相应运算。

5.8.6 数组的复制（浅复制）

实例 80：创建数组 a，并将数组 a 复制到数组 b（浅复制）。

代码如下：

```
import numpy as np
a=np.ones((2,3))
print(a)
print("===========")
b=a
b[1,2]=2
print(a)        #a 已经随 b 的改变而改变
print("===========")
print(b)
```

运行结果如下：

```
[[1.  1.  1.]
 [1.  1.  1.]]
*******************
[[1.  1.  1.]
 [1.  1.  2.]]
*******************
[[1.  1.  1.]
 [1.  1.  2.]]
>>> |
```

说明：数组的复制分浅复制和深复制两种；浅复制通过数组变量的赋值完成，深复制使用数组对象的 copy()方法；浅复制只复制数组的引用，如果对复制的数组进行修改，源数组也将被修改。

5.8.7 数组的复制（深复制）

实例 81：创建数组 a，并将数组 a 复制到数组 b（深复制）。

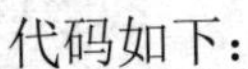

代码如下：

```
import numpy as np
a=np.ones((2,3))
print(a)
print("===========")
b=a.copy()
b[1,2]=2
print(a)        #a 没有随着 b 的改变而改变
print("===========")
print(b)
```

运行结果如下：

```
[[1.  1.  1.]
 [1.  1.  1.]]
===========
[[1.  1.  1.]
 [1.  1.  1.]]
===========
[[1.  1.  1.]
 [1.  1.  2.]]
>>> |
```

说明：深复制会复制一份和源数组一样的数组，新数组与源数组存放在不同的内存位置，因此对新数组的修改不会影响源数组。

5.8.8 创建矩阵

实例 82：创建矩阵 a 和矩阵 b，并显示其数据类型。

代码如下：

```
import numpy as np
a=np.matrix('1.0 2.0;3.0,4.0')
print(a)
print("===========")
b=np.matrix([[1.0,2.0],[3.0,4.0]])
print(b)
print("===========")
print(type(a))
print(type(b))
```

运行结果如下：

```
[[1.  2.]
 [3.  4.]]
===========
[[1.  2.]
 [3.  4.]]
===========
<class 'numpy.matrix'>
<class 'numpy.matrix'>
>>> |
```

说明：numpy 的矩阵对象与数组对象相似，不同之处在于，矩阵对象的计算遵循矩阵数学运算规律；使用 matrix()函数创建矩阵。

5.8.9 矩阵运算

实例 83：创建矩阵 a 和矩阵 b，计算转置矩阵、矩阵乘法及对矩阵求逆。

代码如下：

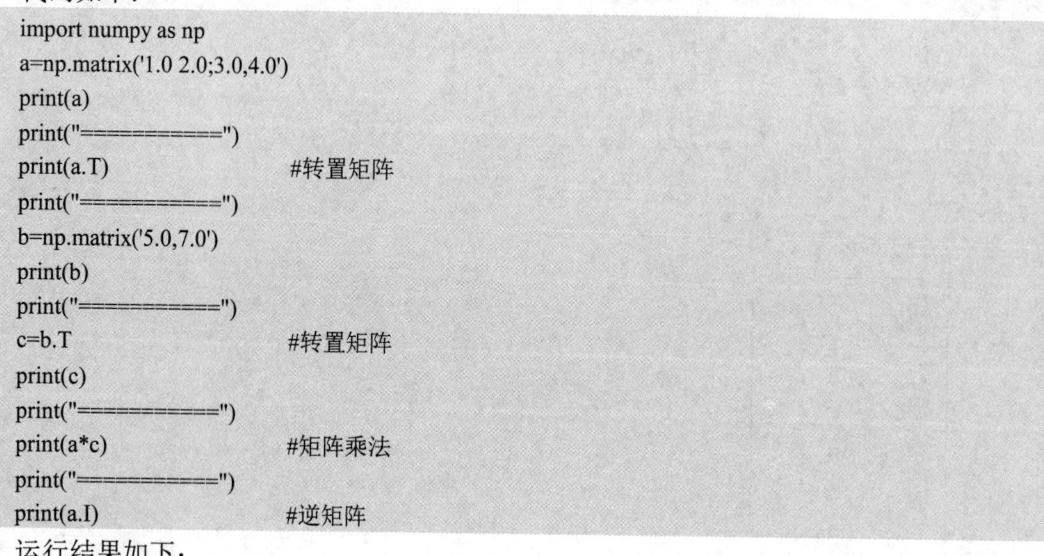

```
import numpy as np
a=np.matrix('1.0 2.0;3.0,4.0')
print(a)
print("===========")
print(a.T)                    #转置矩阵
print("===========")
b=np.matrix('5.0,7.0')
print(b)
print("===========")
c=b.T                         #转置矩阵
print(c)
print("===========")
print(a*c)                    #矩阵乘法
print("===========")
print(a.I)                    #逆矩阵
```

运行结果如下：

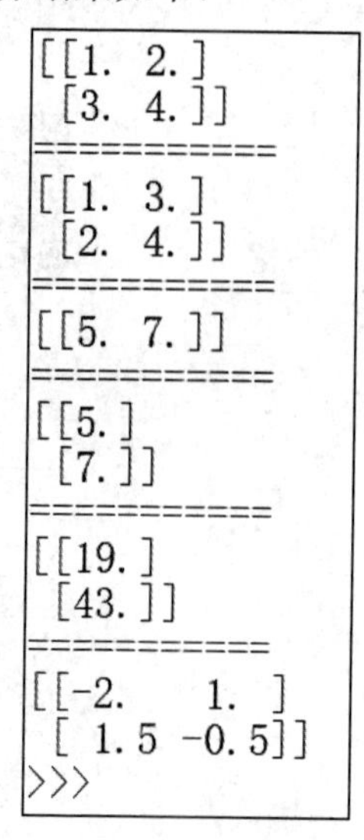

```
[[1.  2.]
 [3.  4.]]
===========
[[1.  3.]
 [2.  4.]]
===========
[[5.  7.]]
===========
[[5.]
 [7.]]
===========
[[19.]
 [43.]]
===========
[[-2.    1. ]
 [ 1.5 -0.5]]
>>>
```

说明：矩阵的常用数学运算有转置、乘法、求逆等。

5.8.10 numpy.dot()函数（计算点积）

实例 84：创建数组 a 和数组 b，使用 numpy.dot()函数计算两个数组的点积。

代码如下：

```
import numpy as np
```

```
a=np.array([[1,2],[3,4]])
b=np.array([[11,12],[13,14]])
print(a)
print("===========")
print(b)
print("===========")
print(np.dot(a,b))
```

运行结果如下：

```
[[1 2]
 [3 4]]
===========
[[11 12]
 [13 14]]
===========
[[37 40]
 [85 92]]
>>> |
```

说明：numpy.dot(a,b)函数返回两个数组的点积。对于二维向量，其等效于矩阵乘法；对于一维数组，它是向量的内积；对于 N 维数组，它是 a 的最后一个轴上的和与 b 的倒数第二个轴的乘积。

5.8.11 numpy.vdot()函数（计算点积）

实例 85：创建数组 a 和数组 b，使用 numpy.vdot()函数计算两个数组的点积。

代码如下：

```
import numpy as np
a=np.array([[1,2],[3,4]])
b=np.array([[11,12],[13,14]])
print(a)
print("===========")
print(b)
print("===========")
print(np.vdot(a,b))
```

运行结果如下：

```
[[1 2]
 [3 4]]
===========
[[11 12]
 [13 14]]
===========
130
>>> |
```

说明：numpy.vdot(a,b)函数返回两个数组的点积，如果第 1 个参数是复数，那么它的共轭复数会用于计算。

5.8.12 numpy.inner()函数（计算内积）

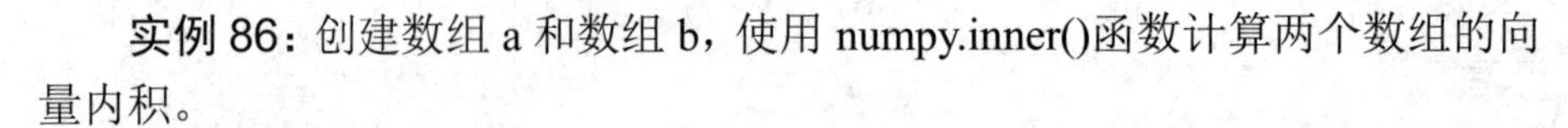

实例 86：创建数组 a 和数组 b，使用 numpy.inner()函数计算两个数组的向量内积。

代码如下：

```
import numpy as np
a=np.array([1,2,3])
b=np.array([0,1,0])
print(a)
print("===========")
print(b)
print("===========")
print(np.inner(a,b))     #等价于 1*0+2*1+3*0
```

运行结果如下：

```
[1 2 3]
===========
[0 1 0]
===========
2
>>> |
```

说明：numpy.inner()函数返回一维数组的向量内积。对于更高的维度，它返回最后一个轴上的和的乘积。

5.8.13 numpy.matmul()函数（计算矩阵乘积）

实例 87：创建数组 a 和数组 b，用 numpy.matmul()函数计算两个数组的乘积。

代码如下：

```
import numpy as np
a=[[1,0],[0,1]]
b=[[4,1],[2,2]]
print(np.matmul(a,b))          #数组乘积
print("===========")
b=[1,2]
print(np.matmul(a,b))          #二维和一维乘积
print("===========")
print(np.matmul(b,a))          #一维和二维乘积
print("===========")
a=np.arange(8).reshape(2,2,2)
b=np.arange(4).reshape(2,2)
print(a)
print("===========")
print(b)
print("===========")
print(np.matmul(a,b))          #维度大于 2 的数组乘积
```

运行结果如下：

```
[[4 1]
 [2 2]]
===========
[1 2]
===========
[1 2]
===========
[[[0 1]
  [2 3]]

 [[4 5]
  [6 7]]]
===========
[[0 1]
 [2 3]]
===========
[[[ 2  3]
  [ 6 11]]

 [[10 19]
  [14 27]]]
>>> |
```

说明：numpy.matmul(a,b)函数返回两个数组的矩阵乘积。如果任一参数是一维数组，则通过在其维度上加 1 将其提升为矩阵。

5.8.14　numpy.linalg.det()函数（计算数组乘积）

实例 88：创建数组 a 和数组 b，用 numpy.linalg.det()函数计算两个数组的乘积。

代码如下：

```
import numpy as np
a=np.array([[1,2],[3,4]])
print(a)
print("===========")
print(np.linalg.det(a))
print("===========")
b=np.array([[6,1,1],[4,-2,5],[2,8,7]])
print(b)
print("===========")
print(np.linalg.det(b))
print("===========")
print(6*(-2*7-5*8)-1*(4*7-5*2)+(4*8-(-2)*2))
```

运行结果如下：

```
[[1 2]
 [3 4]]
===========
-2.0000000000000004
===========
[[ 6  1  1]
 [ 4 -2  5]
 [ 2  8  7]]
===========
-306.0
===========
-306
>>> |
```

说明：矩阵行列式在线性代数中是非常有用的，可通过方阵的对角元素进行计算。对于2×2矩阵，它是左上和右下元素的乘积与其他两个元素乘积的差。对于矩阵[[a,b],[c,d]]，行列式计算为ad-bc。 较大的方阵可以认为是2×2矩阵的组合。numpy.linalg.det()函数用于计算输入矩阵的行列式。

5.8.15 numpy.linalg.solve()函数（求逆矩阵）

实例89：创建矩阵a和矩阵b，并同时计算两个数组的点积。

代码如下：

```
import numpy as np
a=np.array([[1,2],[3,4]])
b=np.linalg.inv(a)                    #计算 a 的逆矩阵
print(a)
print("===========")
print(b)
print("===========")
print(np.dot(a,b))                    #验证 a 的逆矩阵
```

运行结果如下：

```
[[1 2]
 [3 4]]
===========
[[-2.   1. ]
 [ 1.5 -0.5]]
===========
[[1.0000000e+00 0.0000000e+00]
 [8.8817842e-16 1.0000000e+00]]
>>> |
```

说明：numpy.linalg.solve()函数用来计算矩阵形式的线性方程的解。

如：

x+y+z=6

2y+5z=-4

2x+5y-z=27

写成矩阵形式可表示为 AX=B，即求 X=A^(-1)B。

逆矩阵可以用 numpy.linalg.inv()函数获得。

5.8.16 numpy.linalg.solve()函数（求逆矩阵）

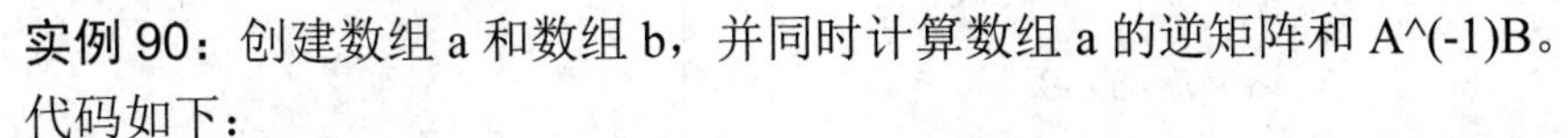

实例 90：创建数组 a 和数组 b，并同时计算数组 a 的逆矩阵和 A^(-1)B。

代码如下：

```
import numpy as np
a=np.array([[1,1,1],[0,2,5],[2,5,-1]])
print('数组 a:')
print(a)

ainv=np.linalg.inv(a)
print('a 的逆矩阵')
print(ainv)
print("===========")
b=np.array([[6],[-4],[27]])
print('矩阵 b:')
print(b)
print("===========")
x=np.linalg.solve(a,b)
print('计算：A^(-1)B:')
print(x)
```

运行结果如下：

```
数组a:
[[ 1  1  1]
 [ 0  2  5]
 [ 2  5 -1]]
a的逆矩阵
[[ 1.28571429 -0.28571429 -0.14285714]
 [-0.47619048  0.14285714  0.23809524]
 [ 0.19047619  0.14285714 -0.0952381 ]]
===========
矩阵b:
[[ 6]
 [-4]
 [27]]
===========
计算：A^(-1)B:
[[ 5.]
 [ 3.]
 [-2.]]
>>> |
```

5.8.17 创建一维数据（array()）

实例 91：创建一维数组。

代码如下：

```
import numpy as np
print(np.array(object=[1,2,3,4,5,6],dtype=complex))
print("===========")
```

```
print(np.array(np.arange(10),dtype=float))        #生成数组序列
print("===========")
print(np.array(np.arange(10),ndmin=2))            #定义最小维度的ndarray（多维数组）对象
```

运行结果如下：

```
[1.+0.j 2.+0.j 3.+0.j 4.+0.j 5.+0.j 6.+0.j]
===========
[0. 1. 2. 3. 4. 5. 6. 7. 8. 9.]
===========
[[0 1 2 3 4 5 6 7 8 9]]
>>> |
```

说明：ndarray（多维数组）描述相同类型（dtype）的元素集合，可以使用基于零的索引访问集合中的项目。ndarray 类似 Python 中的列表索引。

ndarray 的创建方式如下：

```
numpy.array(object,dtype=None,copy=True,order=None,subok=False,ndmin=0)
```

[object]：数组或嵌套的数列。

[dtype]：数组元素的数据类型，可选。

[copy]：对象能否复制，可选。

[order]：创建数组的样式，C 为行方向，F 为列方向，A 为任意方向，默认为 A。

[subok]：默认返回一个与基类类型一致的数组。

[ndmin]：指定生成数组的最小维度。

本实例中 dtype 用来指定 ndarray 的数据类型，np.arange(n)生成一个数组序列。

5.8.18 创建多维数据（array()）

实例 92：创建多维数组。

代码如下：

```
import numpy as np
n=np.array([np.arange(3),np.arange(3),np.arange(3)]) #创建三维数组
print(n)
print("===========")
n=np.array(np.arange(36))          #创建一维数组
print(n.reshape(3,3,4))            #对数组重新进行维度设置
```

运行结果如下：

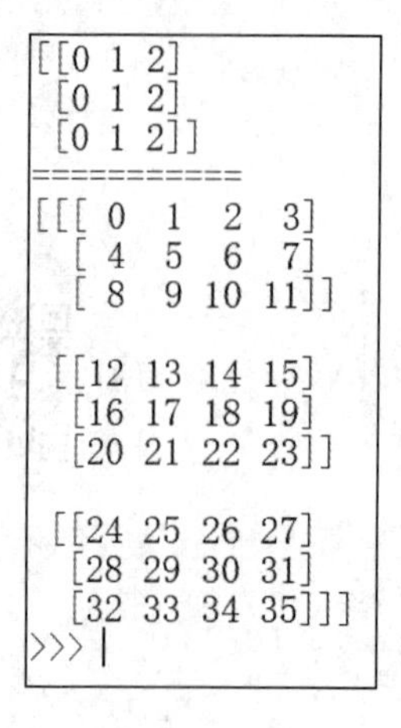

```
[[0 1 2]
 [0 1 2]
 [0 1 2]]
===========
[[[ 0  1  2  3]
  [ 4  5  6  7]
  [ 8  9 10 11]]

 [[12 13 14 15]
  [16 17 18 19]
  [20 21 22 23]]

 [[24 25 26 27]
  [28 29 30 31]
  [32 33 34 35]]]
>>> |
```

5.9　本章总结

本章分别详细介绍了 xlrd 库、xlwt 库、xlutils 库、xlwings 库、pandas 库、openpyxl 库、matplotlib.pyplot 库和 numpy 库的功能及使用方法。因为本书重点在于讲授使用 Python 处理 Excel 电子表格所承载的数据，所以在各个第三方库的介绍中只是着重介绍了有关处理 Excel 电子表格所涉及的内容，并非是这些第三方库的全部内容。

本章可以作为手册，帮助读者在实际工作中根据具体处理的事务查询相关的处理方法，更快更准确地找到解决问题的方法，从而达到提高工作效率的目的。

俗话说："授人以鱼不如授人以渔"，本书的目的在于，通过使用 Python 语言，为读者建立以 Excel 为基础进行数据分析与处理的整体框架，并非是对于具体案例的具体说明（不具有通用性），因此挂一漏万是不可避免的。考虑到第三方库内容的持续更新及知识的持续发展，相信读者能够通过本书的学习建立属于自己的理论逻辑思维框架，通过举一反三，在实际工作中解决具体的实际问题。

参考文献

[1] 嵩天，礼欣，黄天羽. Python 语言程序设计基础[M]. 2 版. 北京：高等教育出版社，2017.

[2] Al Sweigart. Python 编程快速上手——让繁琐工作自动化[M]. 王海鹏，译. 北京：人民邮电出版社，2017.

[3] 张俊红. 对比 Excel，轻松学习 Python 数据分析[M]. 北京：电子工业出版社，2019.